- 国家出版基金资助项目
- 弘扬社会主义核心价值体系出版工程重点图书
- 国家社会科学基金重大招标课题"实施中国特色社会主义理论体系普及计划的途径、载体和方法研究"项目成果

弘扬社会主义核心价值体系出版工程重点图书

中国特色社会主义理论体系普及读本

总主编：顾海良 佘双好

资源 环境 生态文明

中国特色社会主义生态文明建设

左亚文 等 著

武汉大学出版社

图书在版编目(CIP)数据

资源　环境　生态文明:中国特色社会主义生态文明建设/左亚文等著.—武汉:武汉大学出版社,2014.5
（中国特色社会主义理论体系普及读本/顾海良 佘双好主编）
弘扬社会主义核心价值体系出版工程重点图书
ISBN 978-7-307-13343-3

Ⅰ.资… Ⅱ.左… Ⅲ.生态环境建设—中国—学习参考资料 Ⅳ.X321.2

中国版本图书馆 CIP 数据核字(2014)第 098734 号

责任编辑:程牧原　　　责任校对:汪欣怡　　　版式设计:马　佳

出版发行:**武汉大学出版社**　　(430072　武昌　珞珈山)
　　　　　（电子邮件:cbs22@whu.edu.cn　网址:www.wdp.whu.edu.cn）
印刷:武汉中远印务有限公司
开本:720×1000　1/16　印张:9.75　字数:132 千字　插页:4
版次:2014 年 5 月第 1 版　　　2014 年 5 月第 1 次印刷
ISBN 978-7-307-13343-3　　　定价:26.00 元

版权所有,不得翻印;凡购买我社的图书,如有质量问题,请与当地图书销售部门联系调换。

总 序 言

顾海良

围绕中国特色社会主义理论体系和社会主义核心价值体系的基本现状，我们编写了"中国特色社会主义理论体系普及读本"丛书，它是国家弘扬社会主义核心价值体系出版工程重点图书。丛书分作十二册，以中国特色社会主义理论体系和社会主义核心价值体系的基本内容和精神实质为主线，力图对当代中国马克思主义的这两个重要理论成果作出全面的探索和适合于马克思主义中国化时代化大众化的阐释。

中国特色社会主义理论体系是包括邓小平理论、"三个代表"重要思想、科学发展观在内的科学理论体系，是对马克思列宁主义、毛泽东思想的继承和发展，是马克思主义中国化最新成果，是实现中华民族伟大复兴的正确理论。这一理论体系，在建设中国特色社会主义的思想路线、发展道路、发展阶段、发展战略、根本任务、发展动力、依靠力量、国际战略、领导力量和根本目的等各个方面，在中国特色社会主义经济建设、政治建设、文化建设、社会建设、生态文明建设和党的建设等各个领域，形成了一系列独创性的思想理论观点，回答了在中国这样一个十几亿人口的发展中大国建设社会主义的一系列重大的理论和实践问题。这一理论体系，与中国特色社会主义的道路和制度密切地联系在一起，道路是实现途径、制度是根本保障、理论体系是行动指南，三者统一于中国特色社会主义伟大实践，并随着实践而不断发展和完善。在当代中国，坚持和发展中国特色社会主义，最根本的就是要坚持和拓展中国特色社会主义道路，坚持和丰富中国特色社会主义理论体系，坚持和完善中国特色社会主义制度，坚定中国特色社会主义的道路自信、制度自信、理论自信。

社会主义核心价值体系的基本内容包括马克思主义指导思想、中国特色社会主义共同理想、以爱国主义为核心的民族精神和以改革创新为核心的时代精神、社会主义荣辱观。社会主义核心价值体系是兴国之魂，是社会主义先进文化的精髓，是中国特色社会主义精神力量的内核，是社会主义意识形态的本质体现，决定着中国特色社会主义发展方向。社会主义核心价值体系要融入国民教育、精神文明建设和党的建设全过程，贯穿改革开放和社会主义现代化建设各领域。在社会主义核心价值体系建设中，要积极培育和践行社会主义核心价值观。社会主义核心价值观是社会主义核心价值体系的内核力和聚焦点，渗透于社会主义核心价值体系的各个方面。培育和践行社会主义核心价值观，是建设社会主义核心价值体系的根本任务，是加强社会主义核心价值体系建设的最为基本的也是最为重要的方面。

我们希望，丛书能以我国改革开放和现代化建设的实际问题、以我们正在做的事情为中心，着眼于马克思主义理论的运用，着眼于实际问题的理论思考，着眼于新的实践和新的发现。"明者因时而变，知者随事而制"。在对中国特色社会主义理论体系和社会主义核心价值体系的研究和阐释中，能凸显马克思主义基本原理的科学内涵、精神实质和时代风格，提升中国特色社会主义道路和制度探索的理论精髓，体现科学社会主义当代发展的新概括和新提炼。能在现实、理论与历史的结合上，在党性和人民性的统一上，在维护国家意识形态安全和发挥意识形态引导功能的协同上，在中国的现实发展和中国梦的未来憧憬的联结上，彰显中国化马克思主义的解释力、影响力和作用力，提升中国化马克思主义的理论自觉、理论自信和理论自强。

我们希望，丛书能从多方面阐明中国特色社会主义理论体系和社会主义核心价值体系，在丰富人民精神世界、增强人民精神力量、满足人民精神需求上的理论指导和实践导向，对全社会形成统一指导思想、共同理想信念、强大民族精神和时代精神力量及基本道德规范上发挥强大的推进力；在巩固壮大主流思想舆论和弘扬主旋律上，产生更大的正能量，激发全社会团结奋进的强大力量；在事关大是大非和政治原则问题上，能划清是非界限、澄清模糊认识，增强主动性、掌握主动权、打好主动仗；在积极引领社会思潮中发挥中坚作用，在多元中立主导、在多样中谋共识、在多变中定方向。

我们希望，丛书能在学习借鉴人类文明成果的基础上，用中国的理论研究和话语体系解读中国实践、中国道路、中国形象，不断概括出理论联系实际的、科学的、开放融通的新概念新范畴新表述，传播中国好声音，形成具有中国特色、中国风格、中国气派的哲学社会科学学术话语体系。能把握好"时、度、效"，努力讲真、讲实、讲好、讲活、讲深中国故事、中国情怀，进一步扩大中国道路、制度及其理论体系和核心价值观的感召力、影响力和认同力，不断提升国家文化软实力和中华文化国际感染力。

丛书是由武汉大学马克思主义理论学科的老师们合作撰写的，也是以佘双好教授为首席专家的国家社会科学基金重大招标课题"实施中国特色社会主义理论体系普及计划的途径、载体和方法研究"项目的部分研究成果。

2013 年 9 月 10 日

目录 CONTENTS

001 引言 生态文明——人类文明发展的必然选择

013 历史演进篇

015　第1章　从野蛮到文明
015　　1.1　何为文明：文明的广义和狭义
018　　1.2　文明的萌芽：蒙昧和野蛮的原始社会
023　　1.3　文明的开启：从原始文明到农业文明

030　第2章　从工业文明到生态文明
030　　2.1　文明的深化：工业文明的横空出世
038　　2.2　先天的缺陷：工业文明的内在矛盾
043　　2.3　文明的变革：工业文明的自我超越

046　第3章　从"三个文明"到"四个文明"
046　　3.1　"两个文明"的划分：物质文明和精神文明
050　　3.2　"政治文明"的提出：在物质文明和精神文明之间
053　　3.3　"四个文明"的概念：生态文明的构建

057　本质内涵篇

059　第4章　超越"人类中心主义"
059　4.1　"人类中心主义"的概念
060　4.2　"人类中心主义"的反思
063　4.3　生态系统思维

065　第5章　寻求社会的永续发展
065　5.1　树立生态意识
068　5.2　发展生态产业
069　5.3　倡导生态生活
070　5.4　构建生态体制

071　第6章　"天人合一"的至圣之境
071　6.1　"天人合一"的本质内涵
080　6.2　"天人合一"思想的当代意蕴

085　现实反思篇

087　第7章　难以承受之重
087　7.1　人类生存环境的恶化
094　7.2　人类身心关系的失衡

097　第8章　不可持续的工业文明
097　8.1　工业文明的历史意义
098　8.2　工业文明的特征
100　8.3　工业文明的缺陷

105　第9章　走出现代文明的困境
105　9.1　生态文明的理论基础
109　9.2　生态文明的特征与意义

111　理性构建篇

113　第 10 章　人与环境的友好相处
113　　　10.1　深生态主义的提出
117　　　10.2　深生态主义思想的西方来源
120　　　10.3　深生态主义与东方传统思想的契合
127　　　10.4　差等之爱和民胞物与的张力

131　第 11 章　循环再生的经济形态
131　　　11.1　前现代与后现代之辨
133　　　11.2　走出唯科技的误区
137　　　11.3　消费社会与知识经济

139　第 12 章　健康和谐的生态生活
139　　　12.1　防止现代性的异化
140　　　12.2　中庸平和的生活方式

143　后　记

引言 生态文明——人类文明发展的必然选择

人类文明的形成是一个在矛盾中辩证发展的过程。当人类告别动物界而跨入文明的门槛之后，呈现在人们前面的并不是一条阔宽、平坦的康庄大道，而是逶迤起伏、曲折盘旋的崎岖小路。当它向前行进的时候，有时要翻越崇山峻岭，有时却跌入深山险谷；甚至有时候无路可进，只好倒转回来另辟蹊径。对于人类来说，文明之路似乎从来都不是现成的，也不是由某个"先知"或"圣人"规划和设计出来的，而是在遭遇矛盾和解决矛盾的过程中不断开辟和拓展、由已知到未知的历史进化之路。

一、文明的跨越：农业文明及其基本特征

生态文明，作为一种新的文明范式，正是在人类文明经历了数万年的发展之后，在工业文明激烈的内在矛盾和冲突中脱颖而出的新的文明形态。

纵观历史的发展，人类文明依次经历了原始文明、农业文明、工业文明三种社会形态，现在又处在一个文明过渡和转换的历史关节点上。据考古发现，人类在地球上诞生的历史已有10万年，其中原始文明约占了9.5万年，农业文明约占了4700年，工业文明迄今只有300余年的历史。按照美国人类学家摩尔根和马克思主义的创始人之一恩格斯的看法，真正的人类文明是从农业文明开始的，原始文明还具有蒙昧和野蛮的性质，它还没有完全从动物界解放出来。原始人在进入蒙昧时代的中级阶段之后，虽然学会了使用木棍、标枪、弓箭以及自制的石器来进行采集和渔猎，但是这些工具都只是帮助原始人获得自然界天然产物的一种辅助手段，他们与动物在生存和生活的方式上还没有完全区分开来。只是到了野蛮时代的中、高级阶段，在学会了经营畜牧业和农业，特别是发明了铁制工具和文字之后，人类才真正进入文

明的时代。

相对于原始文明的蒙昧和野蛮来说，农业文明的进步和发展就在于它脱离了动物的生存和生活方式，人类开始依靠自己的劳动活动改变自然的现成状态，创造出新的劳动成果，以此维持自己的生存。从表面上看，原始人也能制造劳动工具，并运用劳动工具获取自然界里现成的东西，但由于其劳动工具的极端落后，加之其生存活动完全依赖于周围物质形态的存在和变化，所以，原始人与自然界的关系还是一种单向的附属关系。在这种关系中，原始人几乎和其他动物一样，凭借自己的生存技巧在自然界既成的生态链条上占有自己的一席之地。如果说动物是靠自己的利牙、锐爪、尖角以及各种本能来适应自然界和维持自己的生存的话，那么，原始人不过是靠自己发明的工具来适应自然界以维持自己的生存。这时候的人类与其他动物一样，都是自然界这个庞大生态系统中的一分子，随着自然界的变化而变化，随着自然界的发展而发展。他们完全融入自然界之中，成为自然界自身的一个组成部分。在这种状态中，人与自然界的对立关系尚未形成，人还没有能力对自然界的生态环境造成严重的干扰和破坏。尽管原始人的采集和渔猎活动会对其对象物的自然生长产生影响，有时甚至会使一个地区的采集和渔猎对象告罄。但是，自然界会以不可抗拒的强制力量迫使原始人改变自己的生存活动或迁徙到另一个地区。在如此原始的存在状态中，生态问题自然就不会发生。

然而，当原始人发明了铁制工具之后，人类就开始掌握了在一定程度上驾驭乃至制服自然界的武器。可以想象，有了铁制工具之后，人类就可以从事大规模的开垦活动，通过培植各类粮食作物和驯养更多种类的牲畜，来解决自己生存的物质资料问题。这些物质资料尽管仍然来自于自然界，但已不是原生的天然产品，而是通过人的劳动加以改变了的物质形态。这种改变在文明的进化中具有决定性的意义，它标志着人类终于脱离了动物般依赖和服从自然界的状况，开始生产维持和发展自身生命活动所需要的东西。正是从这时候起，人类才真正开始通过自己的生产活动与动物最终区别开来。

人类的生产活动是其超越动物界的一种特有的创造性活

动,它的特点是人类借助于一定的劳动工具来改变和改造自然界,从而有目的地创造出一定的生产和生活资料。由于有了这种生产活动,人类就在一定范围内和一定程度上摆脱了对自然界的依赖关系,有了自己自由活动的空间。而正是这种自由,一方面给了人类越来越宽广的舞台,使人类的本质力量不断地得到提高;另一方面也赋予了人类盲目开发自然界的自信,从而引发了荒漠化、沙漠化以及水土流失等生态问题。可以说,生态问题是伴随着人类文明一起产生的,从人类的双脚迈入文明的时代起,它就开始从文明的裂缝处涌现出来。

从本质上讲,农业文明所使用的生产和生活资料基本上属于可再生能源,无论是供生活消费的动植物资源,还是供生产消耗的人力、畜力以及光、水、风等资源,其中大部分资源(除土地、金属矿产等资源外)在耗费之后都可以重长再生。然而,作为农业文明最基本的资源,土地是有限的和稀缺的,当一个地区人口的增长达到一定限度之后,其所赖以生存的土地就难以承载人口的压力。于是,人们开始毁林开荒、围湖造田,这种做法确实能够获得短期的效益,但最终必然会造成局部地区的水土流失、旱涝频繁、气候变异等生态灾难。

有一种观点认为,农业文明对于生态环境的破坏是有限的和局部性的。相对于工业文明来说,这一观点有一定的合理性。但是,对农业文明所造成的生态问题绝不能低估。据历史考证,曾辉煌一时的古埃及文明、古巴比伦文明、古希腊文明、哈巴拉文明和玛雅文明之所以最终都难逃毁灭的命运,其主要原因是过度开垦、放牧、砍伐和消耗。正如美国生态学家弗·卡特在《表土与人类文明》一书中所说的:"文明之所以会在孕育了这些文明的故乡衰落,主要是由于人们糟蹋或者毁坏了帮助人类发展文明的环境。"[1]恩格斯更明确地分析了其中的原因,他指出:"……我们不要过分陶醉于我们人类对自然界的胜利。对于每一次这样的胜利,自然界

---

[1] [美]弗·卡特等:《表土与人类文明》,庄庞等译,中国环境科学出版社1987年版,第5页。

都对我们进行报复。每一次胜利，起初确实取得了我们预期的结果，但是往后和再往后却发生完全不同的、出乎预料的影响，常常把最初的结果又消除了。美索不达米亚、希腊、小亚细亚以及其他各地的居民，为了得到耕地，毁灭了森林，但是他们做梦也想不到，这些地方今天竟因此而成为不毛之地，因为他们使这些地方失去了森林，也就失去了水分的积聚中心和贮藏库。阿尔卑斯山的意大利人，当他们在山南坡把在山北坡得到精心保护的那同一种枞树林砍光用尽时，没有预料到，这样一来，他们就把本地区的高山畜牧业的根基毁掉了；他们更没有预料到，他们这样做，竟使山泉在一年中的大部分时间内枯竭了，同时在雨季又使更加凶猛的洪水倾泻到平原上。"[1]因此，农业文明的兴衰归根结底都与生态问题有关：当一个地域的生态环境有利于农业的发展时，农业文明最终繁荣起来；农业的繁荣促进人口的迅速增长，从而使生产和生活资料的需求量大大增加；由于原有的农业用地不能满足人口增长的需要，于是开始毁林开荒、围湖造田、乱砍滥伐，使原有的森林植被以及河湖、湿地的储水功能均遭到破坏，最终毁掉了农业赖以生存的环境，导致文明的衰落。这几乎成为农业文明不可逃脱的一种历史宿命。中华农业文明虽然延续了数千年之久，但是近代之后终于走向衰败，除了因科技的落后而迟迟未能进入工业社会之外，衰败的另一个重要原因就是人口的迅速膨胀所造成的对自然生态环境的严重破坏，这使农业自身发展的根基也遭到了毁坏。

但从总体上讲，农业文明对于自然界生态环境的破坏仍然是有限的和局部性的，它只能从表土层面毁灭某一区域内农业生产赖以进行的环境条件，而不可能从整体上毁灭经历了亿万年演化而最终形成的整个地球的生态环境；而且在农业文明时代，人们也能够通过迁移或行为方式的调节来规避表土层面的生态危害。因此，农业文明时代的生态危机尽管会对某一区域的农业人口造成严重的灾难，但还不至于造成

---

[1] 《马克思恩格斯选集》第4卷，人民出版社1995年版，第383页。

整个地球的变异而危及整个人类的生存。

二、文明的深化：工业文明及其内在矛盾

从18世纪中期起，人类凭借第一次技术革命之力，开始步入工业文明时代。

与农业文明相比，工业文明的性质则截然不同。农业文明的生产和生活活动只局限在地球的表土范围，但工业文明却要进入地球的深层，获取其各种矿物资源，包括金属矿物资源和化石燃料资源，来从事各种形式的工业生产活动。而作为工业骨骼和血液的这些矿物资源在地球中的蕴藏量是有限的，也是不可再生的，当这些资源消耗殆尽的时候，工业文明也就随之完结了。因此，工业文明自诞生起，就注定了它不可持续的命运。问题还在于，工业生产过程会引发一系列的生态问题，它所产生的废水、废气、废渣倾泻在天空和江海湖泊之中，会造成严重的空气、水体、土壤、食品乃至一切与人和生物相关的环境条件的污染，以致直接威胁到人类乃至一切生物在地球上的生存。

应该肯定，工业文明作为人类文明发展的一个必经阶段，它大大拓展和深化了人类与自然界的物质交换关系，特别是在这一过程中发明和创造了近现代科学技术，使人类的认知能力和生产力水平空前提高。自人类进入工业文明时代以来的短短三百余年间，其所创造的科学神话和经济成就使整个世界发生了天翻地覆的变化，而且这种变化呈加速度向前递进的态势。然而，在其令人目眩的辉煌背后，却是环境的污染、生态的危机和资源的枯竭。据美国矿产局估计，按1990年的生产速度，作为燃料资源主体的石油最多可开采44年，天然气约为63年；大多数金属矿产资源能供开采的时间在100年之内，如世界黄金储量只够用24年，水银为40年，锡为28年，锌为40年，钢为65年，铝为35年。现在，人类面临的一个严峻的问题是，数十年之后，当石油和天然气以及大多数金属矿产资源消耗殆尽的时候，工业文明将走向何方？是在短时期内轰然瓦解，还是缓慢地趋于消亡呢？工业文明消亡之后，在人类没有找到实用的替代能源之前，是否意味着要重新退回到农业文明时代呢？人类又是否

有智慧在未来数十年内找到一条自我救赎的道路呢？我们无法预料这一转折过程的具体细节，但是，在后工业社会业已显现出来的生态文明，是文明发展的一条必由之路。

诚然，生态文明绝非简单地抛弃工业文明而回到农业社会，正如历史辩证法所显示的，人类文明将在超越和扬弃工业文明的基础上，在更高的阶段上回复到一个在某种性质上类似于农业文明的新时代。在这个新的文明时代中，人类又复归到与自然界和谐相处的状态，那时人类将彻底放弃那种耗费不可再生能源的高消耗、高消费、高污染、低效益的生产方式和生活方式，回归到利用循环再生能源的低消耗、高效益、零污染的可持续发展的健康合理的生产和生活方式。它大大超越了农业文明的低技能、低效益、低水平的落后状况，而是在高科技发展的基础上构建一个进步开放、公正有序、和谐健康、高度发达的生态文明社会。

如果说在农业文明时代人对自然的依赖关系处在一个单向的自发状态，因而人经常盲目地破坏其赖以生存的自然环境，那么，新的生态文明则把这种关系建立在一种人与自然双向互动、自觉地进行调控和建构的基础之上。它所呈现的是这样一种新型的天人关系：在这种关系中，无论是自然之天，还为作为主体的人，都循"道"而动，彼此相互作用，相互依存，协调发展，既不以人为中心，也不以物为中心，而是以"道"即规律为基础，以人与自然的和谐关系为中心，在相互对立而又相互统一中保持共存共生的友好关系。

三、文明的超越：生态文明及其未来发展

一个美好的生态文明社会的到来，必须要经历一个充满着矛盾的、艰难的历史过程。它不会突然从天而降，也不会平稳地、自发地如约前来，而是人类能动地进行创造和建构的结果。这一切取决于人类自身的自我觉醒和理性认知，未来的命运完全掌握在人类自己的手里。假如人类一意孤行，继续沉溺在工业文明表面的繁华中而不自知，人类的自我毁灭也许为期不远。这不是耸人听闻，而是由历史和自然的规律所决定的逻辑的必然。

历史的矛盾性和复杂性在于，创造历史的人类是一种自

由的、有意识的存在物。一方面，这种"类特性"决定了人类具有高于动物的智慧和创造力，能够预见自己行为的后果，并对自己的活动进行自觉的调控；但另一方面，人类每一个体的独特性又决定了其有自身的特殊利益，当他们面对大自然这一最大的"公地"时，为了维护和获取自己的特殊利益，"公地悲剧"的形成就难以避免。历史上那些辉煌一时的农业文明的灭亡，就是这种无约束的"公地悲剧"的代表。

为了避免历史悲剧重演，将先后进入后工业社会、掌握了高科技手段并运用这种手段把全世界紧密地联系在一起的现代人类，应该团结和组织起来，确立统一的生态环境价值观，利用世界和各地区的各种国际性组织来协调各国政府的行动，并制定具有较强约束力的国际法则，以维护我们共同的地球家园。在这场旷日持久的拯救地球的行动中，各国政府是行动的领导者和组织者。政府代表着公共利益，是大自然这块人民"公地"的守护人，只有政府认真地履行职守和负起责任，才能有效地防止各种私人利益对地球"公地"的侵蚀，使这块事关地球人生死存亡的"生命之地"能够得到精心呵护而永续繁荣。

从20世纪60~70年代起，生态环境问题开始进入人们的视野。在民众和政府的推动下，1972年6月，联合国在瑞典首都斯德哥尔摩召开了有113个国家参加的"联合国人类环境会议"。在这次史无前例的会议上，与会代表一致通过了《斯德哥尔摩人类环境宣言》，制定了关于人类对全球环境的权利与义务的共同原则。在此次大会上，可持续发展(Sustainable Development)的概念被正式提出并得到了讨论。翌年，联合国成立了"环境规划署"，并以此为中心，设立了联合国环境规划理事会、环境基金会。1983年，联合国大会批准成立了世界环境与发展委员会。该委员会成立后，同世界各国政府和民间组织就环境问题进行了广泛的接触和讨论。

1987年，挪威首相布伦兰特夫人在其任主席的世界环境与发展委员会(WCED)上，发表了《我们共同的未来》的报告。这个报告对可持续发展概念作出了比较系统的阐述，并产生了广泛的影响。在该报告中，可持续发展被定义为：

"能满足当代人的需要，又不对后代人满足其需要的能力构成危害的发展。它包括两个重要概念：需要的概念，尤其是世界各国人们的基本需要，应将此放在特别优先的地位来考虑；限制的概念，技术状况和社会组织对环境满足眼前和将来需要的能力施加的限制。"据说，有关可持续发展的定义有100多种，但影响最大并被广泛接受的是这一权威定义。

1992年在巴西里约热内卢举行的联合国环境与发展会议，是一次盛况空前的世界性环境保护大会。这次大会有178个国家代表团、118位国家元首和政府首脑以及众多国际组织代表出席。该会议通过了《地球宪章》、《21世纪议程》、《气候变化公约》和《保护生物多样性公约》四个重要文件，取得了卓有成效的成果。2002年，联合国在约翰内斯堡召开了全球可持续发展首脑会议，会议制定和通过了《关于可持续发展的约翰内斯堡宣言》以及《可持续发展世界首脑会议实施计划》。此次会议制定了新世纪环境保护和可持续发展的具体措施，并将其提到了关系到人类命运的战略高度。

在联合国的推动之下，各国政府积极行动起来。我国政府于1973年8月5日至20日，在北京召开了全国第一次环境保护工作会议。这次会议在总结中华人民共和国成立以来环境问题的基础上，制定了《关于保护和改善环境的若干规定（试行草案）》。自此之后，我国从中央到地方均成立了环境保护机构，环境保护从此被正式纳入政府工作。1979年9月，五届全国人大常委会第十一次会议原则通过了《中华人民共和国环境保护法（试行）》，它是我国制定的第一部环境保护的基本法，其颁布实施标志着我国环境保护工作开始走上了法制轨道。1992年里约热内卢的联合国环境与发展会议之后，我国随即制定了《中国21世纪议程——中国21世纪人口、环境与发展白皮书》，并经国务院常务会议讨论通过。这一议程首次把可持续发展战略纳入我国经济和社会发展的长远规划。1997年，党的十五大明确地把可持续发展确定为我国"现代化建设中必须实施"的基本战略。

2002年联合国的约翰内斯堡会议之后，我国又制定了《新世纪中国环境保护战略》。该战略对21世纪头10~20年国家环境安全发展趋势进行了初步预测，在此基础上，制定了国家环境安全的总体战略和对策，提出了建立保障环境安全的七大体系。

尽管如此，世界生态环境问题仍然严峻，尤其对发展中国家来说，经济发展和环境保护的矛盾更为突出。我国的情况就是如此。一方面，我们要大力发展经济，发展始终是我国的一切工作的第一要务；但另一方面，环境问题又相当严重，环境保护任务十分繁重。改革开放30多年来，我国经济建设虽然取得了巨大成就，创造了经济奇迹，但是，其所带来的环境问题也日趋严重。据有关资料显示，在我国，绝大多数污水未经有效处理而排入江河湖海，城市河段90%以上受到不同程度的污染，在农村有3.6亿人口喝不上符合标准的水。前几年公布的世界上20个不适宜居住的城市中，中国占了16个。国家林业局和统计局公布的相关数据显示：我国草原退化面积已达90%，仍以每年200万公顷的速度在退化；全国沙漠沙化面积已达174.3万平方公里，仍在以每年3436平方公里的速度扩展；水土流失面积已占国土面积的37%；在每年全国人口增加1000多万人的同时，全国耕地面积减少1000多万亩。不仅如此，问题还在于，我国作为一个发展中的大国，在世界经济体系中，由于缺乏核心技术和长期积聚的名牌效应，被挤落在国际经济分工链条中的下游，只能主要靠出口加工而打入国际市场。这种经济状况必然造成资源的大量消耗以及随之而来的环境污染。同时，我国经济现在走的也是一条高投入、高耗能、高污染、低效益的粗放型发展的路子，它与可持续发展的战略是相违背的。因此，要改变这种局面，就必须转变经济发展方式，在依靠科技进步和创新的基础上，走生态文明的发展之路。

党的十七大报告指出：建设生态文明，基本形成节约能源资源和保护生态环境的产业结构、增长方式、消费模式；循环经济形成较大规模，可再生能源比重显著上升；主要污染物排放得到有效控制，生态环境质量明显改善；生态文明观念在全社会牢固树立。在这里，我们党不仅第一次在其正式文件中明确地提出了"生态文明"的概念，而且对如何建设生态文明作了具体的部署。

首先，加快经济发展方式的转变，基本形成节约能源资源和保护生态环境的产业结构、增长方式、消费模式。现在我国客观存在的粗放型经济发展方式，其能源消耗率大大高于发达国家，甚至高于印度等发展中国家。以2009年为例，我国使用了全世界46%的钢材、48%的水泥、45%的能源，创造了不到8%的经济总量。要改变这种状况，就必须尽快从这种粗放型的经济发展方式中解脱出来，转到低耗能、低排放、高产出的经济增长方式上来。要坚持走中国特色新型工业化道路，不断扩大国内需求特别是消费需求，以促进经济增长由主要依靠投资、出口拉动向依靠消费、投资、出口协调拉动转变，由主要依靠第二产业带动向依靠第一、第二、第三产业协同带动转变，由主要依靠增加物质资源消耗向主要依靠科技进步、劳动者素质提高、管理创新转变。

其次，大力发展循环经济，使可再生能源的比重显著上升。传统工业遵循的是一条"资源—生产—消费—废弃物排放"的线性生产方式。这种生产方式是建立在高强度的开采和资源消耗的基础之上的，其结果是造成资源的极大浪费和环境的严重污染。据联合国环境计划署的研究显示，在发达国家，工业生产过程中只有20%~35%的原材料和能源转化为最终产品，其余则转化成了废气、废水和废渣，因而造成十分严重的环境污染和资源浪费。由于发展中国家技术和管理水平更为落后，这种转化效率更低，因而制造的环境污染和资源浪费更大。循环经济则是遵循生态学的规律，以"3R"即减量化（Reduce）、再利用（Reuse）、再循环（Recycle）为行为准则，将经济活动组织成为一个"资源—生产—消费—再生资源"的非线性的反馈式流程，以实现低开采、低消耗、低排放和高产出、高利用的目的，从而大大提高经济效益、生态效益和社会效益。而且，生态文明建设还要求我们充分利用现代高科技，在不断降低不可再生能源消耗的同时，逐渐提高可再生能源在生产中的比重。不可再生的能源在可以预见的未来将会消耗殆尽，人类文明发展的唯一出路是基本放弃不可再生资源的生产性消耗，回归到运用可再生资源与自然生态进行物质交换的生产和生活方式上来，只有超越工业文明的生态文明才是人类文明发展的必然归宿。

最后，树立新的生态文明观，实现人与自然的和谐相处。生态文明的精髓和灵魂是生态价值观。长久以来，西方的"人类中心主义"主宰着人与自然的关系，认为人作为万物之长和自然之灵，先天地具有统治自然的权力。我们的认知视野局限于人类自身，处处以人类自身的利益作为观察问题和解决问题的出发点、中心点和归宿点，全然不考虑整个生态环境的承载能力以及它可能产生的巨大反作用。这样一种狭隘的人类观念已经不适应现代文明发展的总趋势了。工业文明业已暴露出来的不可解脱的深层矛盾充分说明，在人与自然的关系中，人终究是自然之子，其源于自然并隶属于自然，因而永远也不可能脱离自然的脐带而凌驾于自然之上。在宇宙自然面前，人类不过是其养育的无数物种中的一种，尽管人类身上有其他物种所不具有的独特属性，但在宇宙自然的规律面前，人和其他物种是平等的，这就是他们都不能超越这种规律性，都只能在这种由大自然所决定的规律之内展开自身的活动。在浩瀚的宇宙自然面前，人类的肤浅、脆弱和卑微显露无遗。在这方面，中国古代哲学关于"天人合一"、"天地人和"的观点是颇具生态智慧特色的。中国传统哲学认为，天有天道，地有地道，人有人道，在天、地、人三者之间，其"道"一气贯通，故在本质上是一体的；但天、地、人三者的地位并不是平等的，其中天道至上，"天之生人也"①，"天地之生万物也"②，天地之间的万物包括人在内，都不过是"天"的产物。因此，中国传统文化对"天"始终怀着崇拜和敬畏的心理，乃至将"天"神圣化为主宰一切的至上神。"天者，百神之君也，王者之所最尊也。"③

但是，我们也不能人为拔高中国传统哲学所蕴涵的具有现代价值的生态意义。实际上，中国传统哲学在把"天"神圣化的同时，又将其虚无化了。上天即"天帝"，相当于西方的"上帝"。它似乎只掌管作为人间统治者的"天子"之政事，以及个人生死之大事，至于一般老百姓的日常生产和生活，又似乎在"天"的视野之外。"人有气、有生、有知，亦且有

---

① 《春秋繁露·身之养重于义》。
② 《春秋繁露·服制象》。
③ 《春秋繁露·郊义》。

义，故最为天下贵也"①，在生产和生活之中，人似乎天生就有权力去支配和主宰其他万物，而不考虑它们是否有其"内在价值"。相反，人们坚定地相信至高无上的"天"，会给予人类取之不尽、用之不竭的财富，也完全有能力解决一切所谓的自然环境问题。所以，严格地说，中国传统哲学中还没有明确的现代生态观念。至于自古代起统治者和民间为保护山林和渔场所制定的封山和禁渔制度，则应将其看作是农业时代的一种生产和生活经验的体现，与现代的生态文明观还相差甚远。

现代的生态文明观念是建立在现代科学对生态环境以及人与自然关系的正确认识的基础上的。根据这种观念，地球的生态环境是一个由生物多样性所构成的相互联系和相互依存的、相对平衡的有机系统。人类作为自由的、有意识的存在物，尽管与其他存在物在性质上有根本区别，但仍然是整个生物系统中的一分子，因而应该与自然和谐共生并共同发展。人类没有任何特权高居于生态系统之上，也不可能自异于所存在的系统之外，正如恩格斯在《自然辩证法》中所讲的："我们连同我们的肉、血和头脑都是属于自然界和存在于自然之中的；我们对自然界的全部统治力量，就在于我们比其他一切生物强，能够认识和正确运用自然规律。"②

令人忧虑的是，掌握了高度发达的科学技术的现代人类，确实具有摧毁整个地球生态系统的能力，但是，人类应该清醒地认识到，当其赖以生存的生态系统被摧毁时，人类的灭亡之日也就随之到来了。

如果说，人类比一切动物强，这种强不应该表现在对自然界的强制性的统治上，当然也不是与其他动物一样消极地服从于自然界，而是在于能够认识和把握自然规律，特别是能够认识和把握整个生态系统的规律，并自觉地适应和遵循这种规律，建立起人与自然界的友好的和谐关系，从而为人类社会的永续发展和持续繁荣开辟广阔的道路。

---

① 《荀子·王制》。
② 《马克思恩格斯选集》第4卷，人民出版社1995年版，第384页。

历史演进篇 ●●●

人与自然从来就是一种对立统一的矛盾关系。这种矛盾关系从人类诞生的第一天起就已经存在了。但只是到了农业文明时代之后，生态问题才开始暴露出来。到了工业文明时代之后，生态问题才成为一个关系到人类生死存亡的严峻的社会问题。人类向何处去？这是我们在探讨人类文明形态演进的时候首先要弄清楚的问题。

第1章 从野蛮到文明

人是从动物界演化而来的,这一过程大约经历了上百万年。人类学研究的成果告诉我们,刚刚从动物界脱离出来的原始人类,还处在蒙昧和野蛮的状态。进入了农业社会形态之后,人类文明的时代才真正到来。

1.1 何为文明:文明的广义和狭义

一般认为,文明是与野蛮、无知和蒙昧状态相对立的,它是人类社会进步和开化程度的一种反映。但具体地说,文明有广义和狭义之分。我们认为,所谓广义的文明,就是人类所创造的一切物质的、政治的和文化的成果的总和,并通过这种成果的总和所表现出来的人类进步和发展的水平及程度。美国著名政治学家塞缪尔·亨廷顿就持这种观点。他认为,文明的观点是由18世纪法国思想家相对于"野蛮状态"提出来的。文明是由"价值、规则、体制和在一个既定社会中历代人赋予了头等重要性的思维模式"[1]所整合了的系统。或者说,它是"世界观、习俗和文化(物质文化和高层文化)的特殊连结。它形成了某种历史的总和"[2]。这就是说,文明作为一个文化的实体和历史的总和,不仅包括价值观、思想理念、思维模式这些文化内核,而且包括政治制度和人类创造的物质成果等。按照我们通行的说法,文明就是物质文化、制度文化和精神文化的总和。

正是从这种观点出发,亨廷顿把人类的历史看作是一部文明的演化史。他指出,他的这种观点并不是一种新的发明,而是许多历史学家所共同持有的观点。例如汤因比、斯宾格勒、马克斯·韦伯等,他们大多是从文明史的角度来研

---

[1] [美]塞缪尔·亨廷顿:《文明的冲突与世界秩序的重建》,周琪等译,新华出版社2002年版,第20页。
[2] [美]塞缪尔·亨廷顿:《文明的冲突与世界秩序的重建》,周琪等译,新华出版社2002年版,第20页。

究人类历史的，差别只在于对于历史上存在过的文明的数量有不同的看法。汤因比把人类历史上先后出现的文明归纳为23个，斯宾格勒则着重分析了历史上的8个文明形态。但是，这些历史学家大多认为，至少有12个主要文明，其中7个文明已不复存在，5个仍然存在。7个已消失的文明是美索不达米亚文明、埃及文明、克里特文明、古典文明、拜占庭文明、中美洲文明、安第斯文明；5个仍然存在的文明是中国文明、日本文明、印度文明、伊斯兰文明和西方文明。亨廷顿则把现今存在的文明形态划分为8大文明，这就是中华文明、日本文明、印度文明、伊斯兰文明、东正教文明、西方文明、拉丁美洲文明和非洲文明。

无疑，亨廷顿关于文明的看法只是一家之言，但他提出的几个重要观点值得我们深化认识。

第一，文明是一个总体的体系，是人类的经济、政治、文化以及生产和生活状况的一种全面的表征和显现。从这样的意义上看，广义的文明和广义的文化在内涵上是一致的。那种流行的把文化和文明加以区别，把文明人为地界定为文化的一个部分或一重属性的看法，无论是在理论上还是在实践上，都是难以自圆其说的。

第二，文明是发展变化的。从纵向上看，人类文明先后经历了原始文明、农业文明、工业文明几个阶段，现在正在向生态文明这一文明时代转变。从横向上看，在同一个文明时代，在不同地域之内，都会同时存在着几种不同类型的文明。例如，在现代，世界大多数国家都已进入工业文明时代，但在现今世界上，却同时存在着中华文明、日本文明、印度文明、伊斯兰文明、西方文明、拉丁美洲文明等文明类型或文明体系。这些文明类型或文明体系虽然同处于工业文明时代，但其文明属性却是很不一样的。不管是从纵向上界定的文明时代来看，还是从横向上界定的文明类型或文明体系来看，它们都不是一成不变的，而是处在不断发展和变动的过程之中。一般来说，任何文明时代或文明类型，都要经历产生、发展、衰败和消亡几个阶段，世界上迄今为止还没有出现过一种永恒不变的文明。

第三，不同文明时代之间是一种阶段性和承续性的辩证关系。就原始文明、农业文明、工业文明和生态文明的关系来看，它们之间既呈现出阶段性的特征，又存在着内在的关联，其中后一个阶段的文明形态与前一个阶段的文明形态之间实质上是"母文明"与"子文明"的关系，它们之间的这种血缘关系是割不断的。从辩证法的观点来看，后一个阶段的文明以扬弃的形式包含了前一个阶段的文明，而它自己又必然被其后来的文明所扬弃。因此，不同时代的文明形态之间既相互区别，又相互联系：后一阶段的文明高于前一阶段的文明，因而呈现出由低级到高级、由简单到复杂的发展；后一阶段的文明继承了前一阶段的文明中积极和合理的东西，因而存在着一脉相承、一气贯通的内在关联。斯宾格勒在文明发展的问题上，看到了不同文明之间的质的区别，但断然否定它们之间存在着任何内在的联系，提出："内涵是不能转换的。两种不同文化的人，各自存在于自己精神的孤寂中，被一条不可逾越的深渊隔开了"，"没有一个基本词汇，能够重现于另一文化"。[①] 在他看来，任何文明的兴起都是突起的、偶发的，是一个石破天惊的事件。这种观点由于夸大了文明之间的差别性而跌入到了非理性主义的深渊。

第四，世界上不存在单一标准的文明，文明总是多元的。人类文明产生之后，在任何一个时代之中，总是同时存在着多种类型的文明。在这些多样化的文明类型之中，没有任何一种所谓的文明类型是标准化的，是至上的、神圣的。那种将某种文明类型神圣化的观点，是文明观上的绝对主义或独断主义的表现。实际上，任何文明都不是单一的和标准化的，它和其他文明总是存在着这样或那样的联系，而它自身也必然存在着这样或那样的局限性。不同文明类型之间在性质上没有所谓优劣之分，只是在发展的程度上有高低之别。每一种文明的存在都是历史的产物，因而都有其历史的合理性和局限性，正因为如此，在每一种文明的身上，既有长处也有短处，既有优势也有劣势。因此，不同文明之间完全可以而且应该相互学习和借鉴，在多样性中促进统一性，

---

① ［德］斯宾格勒：《西方的没落》，齐世荣等译，商务印书馆1963年版，第735页。

在统一性中发展多样性。

第五,文明的概念有广义和狭义之分。如前所述,广义的文明概念和广义的文化概念在本质上是一致的,都是指一个全面的、整体的文明形态或文明类型,那种认为文明的概念只包含了社会发展中积极和进步东西的观点,是绝对化和形而上学的。除了广义的文明概念,实际上还存在着狭义的文明概念。美国人类学家摩尔根以及马克思主义的创始人之一恩格斯就提出了狭义的文明概念。根据摩尔根和恩格斯的观点,原始社会本质上属于蒙昧和野蛮时代,因为它还没有完全从动物界走出来。在恩格斯看来,"文明时代是学会对天然产物进一步加工的时期,是真正的工业和艺术的时期"[1],文明时代的产生是"从铁矿石的冶炼开始"[2],并以"拼音文字的发明及其应用于文献记录"[3]为标志的。因此,按照这种观点,文明的概念是把原始的蒙昧和野蛮排斥在外的,是指人类进入农业社会之后的一种文明状态。这种把文明局限在一定时空之中的观点,就是文明概念上的狭义论。这就是在本书中我们既从广义上把原始社会称为"原始文明",又从狭义上把农业文明的产生称为"文明时代的开启"的原因。在一本书中,同时从广义上和狭义上讲文明,是为了照顾流行的说法,因为在平常流行的说法中,我们往往不断转换着"文明"的概念,例如,大家几乎都承认原始社会为"原始文明",但又普遍赞同恩格斯关于判定文明标准的观点。

1.2 文明的萌芽:蒙昧和野蛮的原始社会

尽管摩尔根和恩格斯不认为原始社会就是原始的文明社会,而是一个仍处于蒙昧和野蛮的社会,但是,原始社会毕竟不同于动物世界,当原始人萌发了自我意识并制造出了第

---

[1] 《马克思恩格斯选集》第 4 卷,人民出版社 1995 年版,第 24 页。

[2] 《马克思恩格斯选集》第 4 卷,人民出版社 1995 年版,第 22 页。

[3] 《马克思恩格斯选集》第 4 卷,人民出版社 1995 年版,第 22 页。

一把石刀之后，就意味着产生了属于人的文化和文明，只是这种文化和文明还是刚刚破土而出的胚芽。因此，在这个意义上，我们完全可以把原始社会称为"原始文明"。

根据恩格斯在《家庭、私有制和国家起源》中的分期法，我们可以把原始社会划分为三个主要时代，即蒙昧时代、野蛮时代以及向文明时代过渡的时代，前两个时代又可以进一步区分为低级、中级和高级三个阶段。

(1) 蒙昧时代

在蒙昧时代的低级阶段，人类还处于童年时期。这个阶段的主要特点：一是生存于热带或亚热带的森林之中，并且至少是部分地还住在树上，以躲避大型猛兽的袭击；二是在食物方面，以采集坚果、果实、根茎为生；三是分节语的产生成为这一时期的主要成就。

在其中级阶段，原始人发明了火并采用鱼类为食。这个阶段的主要特点：一是由于有了火，原始人扩展了食物的来源，他们可以不受气候和地域的限制，沿着河流和海岸散布于世界上的广大地区；二是火给原始人提供了熟食，这也有利于原始人身心的发育；三是原始人开始制作粗糙的、未加磨制的石器，标志着人类进入旧石器时代。

在其高级阶段，原始人发明了弓箭。这一阶段是以发明弓箭为标志的，其主要特点：一是由于有了弓箭，捕猎就成为普通的劳动；二是开始建筑房屋，并已经有了定居而成为村落的某种萌芽；三是进入新石器时代，原始人学会制造和使用多种生产和生活工具，如木制的容器和用具、用树皮或芦苇编成的篮子、用石斧制造的独木舟等。

(2) 野蛮时代

野蛮时代的低级阶段，是从学会制陶术开始的。陶器与以前的其他用具不同，它具有经久耐用的特性，且适合于储藏食物。"野蛮时代的特有的标志，是动物的驯养、繁殖和植物的种植。"[①]恩格斯指出，新旧两个大陆不同的自然条件，使得生活于这两个大陆的原始人从此走上了不同的发展

[①] 《马克思恩格斯选集》第4卷，人民出版社1995年版，第20页。

道路。例如，在东大陆即所谓的旧大陆，在这一个时期已经差不多存在一切适合于驯养的动物以及除玉蜀黍之外一切适合于种植的谷物，而在西大陆即所谓的新大陆，却只驯养一种动物即羊驼，也只栽种一种谷物即玉蜀黍。

这一个时代的中级阶段，在东大陆，是从驯养家畜开始的；在西大陆，是从依靠水利栽种食用植物以及在建筑上使用干砖和石头开始的。在西大陆，人们主要靠种植玉蜀黍和驯养羊驼为生；而在东大陆，人们主要靠驯养供给乳和肉的动物为生，并在此基础上开始学会栽培农作物。

这一时代的高级阶段是"从铁矿石的冶炼开始，并由于拼音文字的发明及其应用于文献记录而过渡到文明时代"①的。恩格斯指出，这一阶段"只是在东半球才独立经历过，其生产的进步，要比过去一切阶段的总和还要来得丰富"②；而西半球的原居民在西方殖民者侵入前，则始终未能超出野蛮时代的中级阶段。这一阶段与以前的阶段相比，有某种本质上的不同。首先，人们开始使用带有铁铧的耕犁，并运用畜力来帮助耕种。这就大大提高了生产力，使较大规模的土地耕种有了可能。其次，由于有了铁制工具，进行土地开垦以扩大耕种面积也有了可能。最后，人口急剧地增长起来，开始出现有数万甚至数十万人口聚居的城镇。

实际上，到了野蛮时代的高级阶段，人类就逐渐摆脱原始的蒙昧和野蛮状态，开始进入真正的文明时代，即农业文明时代。在野蛮时代的高级阶段和作为文明时代的农业文明之间，并无一条清晰的分界线，人类是通过某种缓慢的渐进方式，通过量的点滴积累而进入农业文明时代的。

综观原始社会的存在和发展状况，它的基本特点主要还是人类依靠自然界里天然的产品维持自己的生存，这种存在方式从根本上讲与动物的存在方式还没有本质的区别，因此，我们说原始人还没有完全从动物界解放出来，他们还处在这种转变的过程之中。有人认为由于原始人制作了第一把

---

① 《马克思恩格斯选集》第4卷，人民出版社1995年版，第22页。

② 《马克思恩格斯选集》第4卷，人民出版社1995年版，第22~23页。

石刀,于是一下子就发生了"猴子变人"的奇迹,这种观点是不科学的。原始人向真正意义上的人的转变,是一个漫长的逐渐转变的过程。在这一过程中,人的特性逐渐增多而兽的特性逐渐减少,最终才完成了"人猿相揖别"的质的转变。

但是,原始人毕竟是人而不是兽。首先,与动物不同,原始人是具有理性的高级动物。尽管现代生态主义者的研究证明,不仅是人,其他某些动物(如猩猩)也具有一定程度的意识,但这种意识与人的理性相比,还是有质的区别。现代生物学家曾对猩猩的智力程度进行过多年的考察,结果表明最聪明的猩猩能够学会数百个单词和一般用于日常交流的手势语,然而它们再也不可能有进一步的提升;它们也缺乏人的理性所具有的对本能的一种控制力,其所具有的较低层次的意识难以超越本能。而原始人已进化为一种理性的存在物,理性在其性质中已占据主导的地位。他不仅具有明晰的自我意识和对象意识,而且已具备一定的智慧。其次,与动物不同,原始人已掌握了制造较为复杂的劳动工具的技能。不可否定,某些高等动物也具有制造和使用简单劳动工具的能力,例如,猴子和猩猩都会使用现成的木棍、石块、树叶等作为工具来从事一定的活动,但是,它们的这种能力与人创造劳动工具的智慧相比,还是不能同日而语的。人与普通动物的本质区别在于,人不仅能够广泛地利用自然界里的现成的东西作为其生存活动的资料,而且能够运用这种资料制造较为复杂的劳动工具,如精心磨制石器,制造各种用于渔猎和生活的器具和用品。再次,原始人已产生了道德意识,在原始氏族制度中形成了一定的道德规范,并且在此基础上形成了崇拜自然和祖先的宗教意识。这在动物界是不可能存在的。最后,更为重要的是,原始人在其较高的阶段已经发明了文字,并用它来记录文献和进行艺术创造活动。当原始人发展到这个水平时,也就彻底地脱离了动物界而跨入文明社会了。

在原始社会,文明还处于萌芽的状态。但它毕竟迈出了脱离动物界的第一步,而文化和文明就是在这种离开动物界的边缘处产生的。因此,从广义上讲,原始社会也是一种文明的形态即原始文明形态,否定这种文明形态的存在,就等于否定了人类的起源和历史。既然原始社会也是一种文明的形态，无疑它也存在与其社会形态相适应的物质文明、政治文明和精神文明，那么，它是否存在生态文明呢？这是我们要认真研究的问题。

在我们看来，由于原始社会的人类还处在与自然界的一种天然的关系之中，也由于其活动还没有超出自然界的生态演化范围，更没有超出其承载能力，所以，现代的生态文明观念自然还无从发生。但是，这不等于说，原始文明中就完全不包含生态文明的萌芽。例如，动物的过度繁殖也会超出它所处区域环境的承载能力，在这种情况下，动物是通过无意识的自组织行为来调节种群数量的多寡的。而人类不同，即使在原始社会，原始人也能自觉地意识到自己的行为对自然环境的影响，从而根据一定的环境条件来调控自己的行为。如果说动物是通过大自然本身所具有的自组织和自调适功能来适应环境条件，那么，原始人与动物不同的地方在于，他超越了自发的、自然的自组织和自调适功能，而把这种功能转化并升华为人的一种自觉的意识和自觉的行为，从而有计划地进行自觉的组织和调适活动。尽管现在无从考证，原始人在其蒙昧和野蛮的低中级阶段，其生态文明意识达到了怎样的程度，但从野蛮时代的原始人能够建屋安居、造舟捕鱼和驯养动物来看，原始人是有意识地通过这些活动来适应自然环境的。据此可以推断，原始人一定知道在一定区域内的渔猎资源和土地资源能够供养的人口的数量，从而有意识地养育和保护这些资源。至于在野蛮时代的高级阶段，人类不仅具有了这样的生态意识，而且通过一定的制度来对其加以保证。据中国古代的史料记载，早在原始部落制的唐虞时代，即有"帝尧命益作虞，使掌山林薮泽之政"的传说，至虞舜时，正式确立了九官之制，掌管山林原野。这种制度在古代一直沿袭下来。

然而，总的来说，在原始文明时代，生态问题还没有形成为一个严重的社会问题，因而也就还没相对独立出来。物质文明、精神文明和政治文明这些文明领域也都包含在一个原始混沌的文明总体之中，也没有得到相对独立的分化，一切都还处于一个萌芽和孕育的过程之中，这就是原始文明的总体状态和基本特征。

1.3 文明的开启：从原始文明到农业文明

当原始社会发展到它的高级阶段时，真正的文明时代也就到来了。从这时候起，人类开始告别蒙昧和野蛮，进入农业文明时代。

我们之所以把农业文明直接称为文明时代，而把这之前的原始文明称为蒙昧和野蛮时代，是因为只有在进入农业文明时代之后，人类才真正与动物界告别，开始创造一个属于自己的人化世界即文化和文明的世界。

所谓人化世界或属人世界，是指经过了人的创造性实践活动而改造了的世界，它已不是原生状态的世界，而是通过人有意识的活动，成为一个在人的掌控之下的、隶属于人的世界。尽管在这个属人世界的范围内，大自然的生态规律并没有任何改变，但是，人类在认识这些规律之后，能够自觉地利用这些规律生产和培育出人类所需要的生产资料和生活资料，从而摆脱对自然界的片面的依赖关系。

农业生产是一种真正的属人的活动。与原始社会的采集和渔猎活动相比，农业生产的一个基本特征在于，人类有意识地利用动植物资源，从事种植业、畜牧业、林业、渔业等经济活动，以获得生活所必需的食物和其他物质资料。因此，农业生产活动本质上是一种自己生产自己所需要的产品的活动，是通过劳动自己养活自己的活动，而不是简单地获取自然界现成的产物，这就是农业生产活动与原始人类活动的不同之处。

据史料考证，世界上最早的农业生产活动发生在公元前一万年左右。当时，地球上最后一次冰期结束，地质史上进入了全新世时代，人类的生存开始了革命性的转变，这就是从单纯依赖采集和渔猎的经济向以经营农业、畜牧业为主的生产型经济转变。与之同时发生的，是由旧石器时代向新石器时代的过渡。这是人类文明史上的一次巨大变革，史称农业革命或新石器革命。

人类在长期的生活实践中，发现了某些植物的生长规律，于是开始学会栽培这些作物。由于世界各地自然条件和经济发展水平的差异，农业生产活动出现的时间早晚很不一致，大约从公元前8000年至公元前3500年这数千年的时间内，世界上的一些主要文明区域都先后由原始经济过渡到农业经济。

在世界范围内，农业发源的中心主要有三个区域，即西亚、东亚（包括南亚）和中南美洲。西亚是小麦和大麦的发源地，美洲是玉米的发源地，我国黄河流域和长江流域以及印度、泰国是粟和稻的发源地。

西亚的扎格罗斯山区，小亚细亚半岛的南部，东地中海沿岸的约旦、巴勒斯坦、黎巴嫩等地，是世界上最早的农业发源地，也是大麦、小麦和小扁豆等栽培作物的原产地。考古发掘表明，公元前8000年，伊朗西部的阿里库什、盖达勒，伊拉克的耶莫，土耳其的恰约尼，巴勒斯坦的耶利哥等地区的居民已开始从事原始农业和驯养动物。

东亚的早期农业发源地主要分布在中国、印度和泰国。中国黄河中上游、长江中下游地区作为世界最早的农业发源地之一，早在公元前5000—公元前6000年就开始种植粟和水稻。河北省的磁山遗址、河南省的裴李岗遗址、山东省的北辛庄遗址、陕西省的老官台遗址等众多遗址的发掘，都证明当时的种植业和畜牧业已成为人类生活中的重要部分。古印度约于公元前4500年开始种植水稻。泰国北部约于公元前7000年已种植豆类、葫芦、黄瓜等作物，最迟于公元前3500年已学会种植水稻。

中南美洲的墨西哥、秘鲁、玻利维亚等地区分别是玉米、豆类、马铃薯等作物的发源地。

农业的种植和家畜的饲养几乎是同时发生的。早在中石器时代或更早的时候，人们已开始驯养与人类经济活动和生活关系较密切的一些小动物。狗和绵羊是最早被人驯养的动物。但真正的畜牧业是从新石器时代开始的。随着农业的发展和定居生活的出现，世界上不同地区的居民在其生活实践中先后把几种主要的动物驯化为家畜。公元前7000年前后，西亚已饲养绵羊和山羊，并且与希腊同时开始饲养猪。土耳其的恰约尼遗址是最早饲养猪的地点。西亚和希腊也是最早饲养牛的地区。距今7000年，我国河姆渡的居民已饲养猪、狗等家畜。人们饲养马要晚得多。乌克兰草原是最早养马的地区，时间约为公元前4000年。南美印第安人最早驯养了骆马和羊驼。

农业和畜牧业所产生的革命作用在人类文明发展史上具有十分深远的意义。首先，它从根本上改变了人类的基本经济活动方式。农业和畜牧业的产生，使人类的经济活动从旧石器时代以采集、渔猎为基础的攫取型经济转变为以农业、畜牧业为基础的生产型经济，人类从食物的采集者转变为食物的生产者。经济生活方式是人类最基本的生存方式，经济活动方式的转变实质上也就意味着人类基本生存方式的根本改变。从此，人与自然的关系也发生了革命性的变革，由过去单纯依赖和绝对服从于自然界，转变为能动地控制和驾驭自然界。在人与自然的关系中，如果说过去人还是消极的、被动的客体的话，那么现在则转变为积极的、能动的主体。

其次，农业和畜牧业的发生也从根本上改变了人类的基本生活方式。在采集和渔猎时代，由于其活动的流动性，人类居无定所，处在不断地寻找食物来源的迁徙过程之中。但农业生产是周期性的活动，它必然要求人们定居一地，以便定期进行播种、耕耘、管理和收藏。于是，人类就从旧石器时代的迁徙生活逐渐转变为定居生活。

最后，农业革命也为以后一系列社会变革的发生准备了物质基础。在采集和渔猎时代，人类所获得的维持自身生存的生活资料是十分有限的，即使有时候捕获或采集到较多的食物，也无法长期储藏。农业和畜牧业则可以通过不断扩大规模来帮助人类获得更多的生活资料，而且利于储存。于是，超过维持人类自身生存的剩余劳动产品出现了，这就使人口数量得到了较大的增长。正是在这样的物质基础上，农业和畜牧业、农业和手工业、农业和商业，乃至体力劳动和脑力劳动的分工发生了。这些变革大大促进了社会的发展。

与原始文明相比，农业文明存在的时间要短暂得多。但是，它所创造的辉煌却是原始文明所无法比拟的。在农业文明所存在的5000多年的时间里，它创建了一个一个的文明帝国，演绎了无数惊心动魄的历史活剧，留下了光辉灿烂的历史篇章。在经济、政治、文化诸领域，其所保留的丰富的历史遗产，至今还在源源不断地给我们以馈赠和滋养。即便在我们号称已进入后工业社会的今天，农业文明也并没有从历史中消失，而是以现代的方式继续存在着。也许，不管人类文明发展到何种程度，农业和畜牧业作为提供人们基本生活资料的产业，其基础地位大概不会被取代吧。

农业在创造了伟大的物质文明、政治文明和精神文明的同时，也发展了生态文明。在原始社会，生态文明尚处于萌芽状态，与物质文明、政治文明、精神文明及其他文明形式交织在一起，形成一种混沌和纯朴的整体。实际上，此时，这些不同的文明还没有形成相对独立的形式，因而还没有从那个单纯的混沌整体中分化出来。而农业文明则不同，它创造了较高水平的物质文明、精神文明和政治文明，正是在此基础上，形成了较为具体和明晰的生态思想，并相应地制定了一定的行政和法律制度以保持农牧业与自然环境的相互协调。无论是农业还是牧业，它们都有一个特点，这就是"靠天吃饭"，即依靠自然环境提供的充足的阳光、雨水、植被、土壤、养分等，来从事农作物的栽培和牲畜的驯养。离开一定的环境条件，农牧业都无法进行。这种十分客观和现实的经验使农牧民深切地感受到，人的生产活动与自然环境之间存在着相互依存的关系，甚至可以说，农业生产本质上就是建立在自然条件之上的环境依赖型经济。这种直接和直观的经验感受使生活于农业社会的人们自然而然地产生了朴素的生态观念，并提出了一些有价值的生态思想。如"天人合一"、"万物一体"的天道观，"仁民"而"爱物"的伦理观，"万物各得其和以生"①的和谐观等，就是农业社会关于朴素生态思想的一种理论升华。在农业社会，各级政权组织以及民间制定了众多的法律法规及其乡规民约，以保护自然环境。据史料记载，早在神农时代就产生了这样的"神农之禁"："春夏之年生，不伤不害。谨修地理，以成万物。无夺民之所利，而顺之时矣。"②《逸周书·大聚》中也记载了关于环境保护的"禹禁"："春三月，山林不登斧斤，以成草木之

---

① 《荀子·天论》。
② 《群书治要六韬·虎韬》。

长；夏三月，川泽不入网罟，以成鱼鳖之长。且以并农力，执成男女之功。"周朝颁布了更为严厉的生态保护法令，其《伐崇令》规定："毋伐树木，毋动六畜，有不如令者，死无赦。"历朝历代的统治者都把对自然生态的保护视为根本的治国之道。在世界史上，中华民族农业文明持续的时间最为长久，且其文明发展一脉相承，经久不绝，与其始终注重生态环境的保护是不无关系的。

但是，由于农业文明对自然环境的过分依赖以及自然环境承载力的有限性，在其发展的过程中，始终存在着一个不可解脱的矛盾，这就是农业发展所带来的人口增长与自然环境承载力的矛盾。农业的发展必然带来人口的增长，而人口的增长又必然导致更多山林和绿地的砍伐和开垦；山林和绿地的减少又必然造成水土的流失和植被的破坏；而水土的流失和植被的破坏，使农业生产的条件恶化，最终导致文明的衰落。据美国学者弗·卡特和汤姆·戴尔在其合著的《表土与人类文明》一书中的研究，历史上曾经存在过的20多个文明，包括尼罗河谷、美索不达米亚平原、地中海地区、希腊、北非、意大利、西欧文明以及印度河流域文明、中华文明、玛雅文明等，其中绝大多数地区文明的衰落，皆源于所赖以生存的自然资源遭到破坏。例如，由于强化使用土地，使植被遭到破坏，表土状况恶化，使生命失去支撑能力，乃至最终导致了所谓的生态灾难。这两位学者认为，其他因素如气候的变迁、战争的掠夺、道德的失落、政治的腐败、经济的失调、种族的退化等，对文明的衰败有至关重要的影响，但还不至于造成一个民族或文明从根本上衰败或没落。

根据生态学的观点，任何一个种群的数量与其所赖以生存的环境资源的有限性之间都存在着矛盾。动物和植物是根据大自然的法则，依靠自发的自组织行为来调节彼此之间的矛盾，使之大体保持一个平衡的状态。例如，一种动物或植物种群增长的数量超过了其环境资源的承载力，其种群数量自然就会因食物来源的减少而降低，从而恢复二者之间的平衡。而人类不是这样，人类作为一种具有理性和智慧的存在物，当遭遇人口数量的增长与有限土地资源之间的矛盾时，会反作用于自然界，通过干扰自然生态而试图解决这种矛盾。但由于认识水平的局限，亦由于生存的压力，他们想不到这种过度的干预行为会导致"生态灾难"，最终毁灭人类文明。

因此，总的来说，农业文明与原始文明不同，在人类文明史上，它使人与自然界之间的矛盾发生了全新的变化。无疑，在原始社会，人与自然界的矛盾也是存在的。但这种矛盾主要表现为自然界对人的压迫，人在恶劣的自然环境面前感到软弱无助。农业文明大大提升了人在自然界的地位，由于掌握了较为先进的生产工具以及动物驯养和植物栽培的技术，农业社会中的人类在一定程度上摆脱了自然界的束缚，也在一定程度上缓解了人与自然界的矛盾。有一种观点认为，随着人类文明的发展，人与自然界的矛盾越来越尖锐，终于发展到今天危及人类生存的不可收拾的局面。这种观点是片面的，它只看到了一个方面，而没有看到，随着人类文明的发展，人与自然之间的矛盾，特别是人类需求增长与自然资源有限性之间的矛盾，也有不断缓解的一面。

历史充满着辩证法。文明在演进过程中，一方面馈赠人类以新的物质和精神的成果，另一方面把新的问题和矛盾带入历史过程之中，以考验人类的智慧和能力。农业文明的产生和发展就是如此。一方面，它使人类获得了比原始社会多得多的生产和生活资料。在原始社会，人类经常面临着食物匮乏的问题，人类的基本生存资料根本得不到保障。但进入农业文明时代之后，由于人类的农牧业生产活动，人类的生活资料有了一定的保障，人的需求和物质生活资料之间的矛盾自然得到缓解。劳动者能够创造大量的剩余产品，从而使得整个社会文明能够繁荣和发展起来。但是，另一方面，农业发展所造成的人口的增长与土地资源有限性的矛盾又尖锐起来，而山林的垦伐又进一步引发了生态的灾难，使得人与自然的矛盾以不同于原始社会的新的形式表现出来。

生态问题是在农业文明发展过程中所涌现出来的一种新的社会矛盾。这种矛盾在原始社会不能说不存在，但还不至于毁掉一个地区的整体的生态环境。生态问题在原始人那里可以说还是潜在的。但到了农业社会之后，由于人类生产活动对自然资源的过度开发，威胁人类生存的生态问题就随之产生了。然而，农业文明所造成的生态问题尽管是严重的，可以毁掉一个一个的地域文明，但从总体上来说，还不至于毁掉整个人类文明，更不会严重到毁掉整个地球。而人类文明发展的下一个阶段即工业文明，则在创造人类文明奇迹的同时，把人类推到了一个濒于毁灭的边缘。

第 2 章 从工业文明到生态文明

工业文明是人类文明发展的第三个历史阶段。在这个阶段，人类借助于高度发达的科学技术，从地球表土层面深入到它的内部，发掘出它所蕴含的丰富的资源宝藏，把它转化为高度发达的生产力，从而创造了新的高于农业社会的文明形态。工业文明整个地改变了人类的生存方式、生产方式和生活方式，甚至改变了人类的思维方式，它所创造的文明成果以加速度向前发展，特别是20世纪50年代之后，世界的变化更是日新月异，不停顿地变化，而且是越来越快地变化，这就是工业文明所呈现出来的一个基本特征。

但工业文明同样难逃历史的辩证法，它在创造文明的奇迹的同时，也制造了前所未有的灾难，其中包括生态灾难。从20世纪末期开始，随着工业社会向后工业社会过渡，生态文明的呼声越来越高。生态文明现在不仅是作为一种观念形态而出现，而且是作为未来文明的一种社会形态开始展露端倪。在当代，超越工业文明，构建生态文明，已经成为世界人民的共识。

2.1 文明的深化：工业文明的横空出世

马克思曾说过，近代是从16世纪开始的，马克思所说的近代就是指资本主义的工业社会。根据马克思的这一观点，工业社会应该是从16世纪开始的。如果从这时候算起，人类进入工业文明时代迄今已有500多年的历史。但也有学者认为，人类真正跨入工业文明时代是从18世纪中期发生第一次技术革命之后开始的，因为在这之前，尽管在西方已经产生了一批专门从事工商业的城镇，并且进入工场手工业时代，但是，农业生产在社会经济生活中仍然占主导地位。只有在第一次技术革命之后，工业生产才取代农业生产在社会经济生活中占据了主导地位。我们认为，这两种观点都有其成立的理由，只是考察的角度不同而已。因为本书要着重考察每一种文明形态的基本特点，其所考察的对象必须是较为成熟的典型形态，所以，本书所考察的工业社会主要是指18世纪中期之后的社会形态。

工业文明的产生经历了一个长期的过程。在西方，特别是地中海沿岸，早在10～11世纪，随着农业和手工业的发展，就开始产生了一些新兴城市。这些城市市民主要由小商品生产者组成。这些人有的是手工业者，有的是逃亡的农奴，他们聚集在一起，进行商品生产和销售。工业文明的最初萌芽就是从这些新兴城市的土壤中滋长起来的。

工业文明与农业文明不同，它的经济生产方式是建立在商品生产和交换的基础上的。农业经济是一种自给自足的经济，其所生产的产品主要是为了满足自己的生活需要，而不是为了出卖。而工业经济本质上是一种商品经济，它所生产的产品不是为了自己消费，而是为了交换而获得利润。这就需要从最初的农民或农奴中分化出一部分人专门从事商品生产，而地中海沿岸所产生的这些新兴城市正好满足了这种需要。这或许也就是工业文明为什么不是在农业文明最发达的东方产生，而是在农业文明相对落后的西方产生的重要原因。

如果起作用的是内生机制，即工业文明在农业文明的母腹中逐渐孕育而成，那么，这一过程将十分漫长。正如马克思所说的，"这种方法的蜗牛爬行的进度，无论如何也不能适应15世纪末各种大发现所造成的新的世界市场的贸易需要"[①]。

15世纪末期，工业资产阶级对于货币资本的本能渴望，驱使他们开始了寻求梦想中"黄金王国"的海上探险。

1492年8月3日拂晓，水手哥伦布（1451—1506）在西班牙王室的资助下，率领88名水手，分乘3艘帆船，从西班牙的巴罗斯港出发，经过69天的艰苦航行，于10月12日到达巴哈马群岛中的一个小岛。然后继续前行，到达了今天的古巴和海地等地。1493年3月16日返回西班牙。这之后，

---

① 《马克思恩格斯全集》第44卷，人民出版社2001年版，第860页。

哥伦布又先后三次西航到南美洲，为西班牙的殖民事业打下了基础。

具有历史"吊诡"意义的是，在哥伦布逝世前，他一直以为他所发现的是亚洲的边缘地区，殊不知他发现了"新大陆"，而且由于这一发现，从此开创了新的历史时代。

在哥伦布发现"新大陆"的27年之后，出身贵族的麦哲伦在西班牙国王的资助下，率领265名水手，分乘5艘帆船开始环球航行，经过一年半的航行，于1521年3月到达菲律宾群岛。他由于介入当地土著居民的内讧而中箭身亡。最后，只剩下18名水手于1522年9月回到西班牙，人类的第一次环球航行宣告成功。它的成功，具有伟大的历史性意义。它不仅在实践上证明了地圆说的正确，而且预示了环绕地球的世界市场的形成。

"新大陆"的发现和新航线的开辟，为商品经济的发展拓展了广阔的市场。这大大刺激了工商业经济的发展，并且使少数人手里迅速积聚了大量的、建立资本主义生产所需要的货币资本。

工业文明的正式形成是在18世纪中期发生的第一次技术革命之后。技术革命又称"工业革命"、"产业革命"，它是指工业生产活动从工场手工业阶段过渡到大机器工业阶段的重大飞跃。

技术革命始于18世纪60年代的英国，完成于19世纪40年代。这一过程是从棉纺业开始的。1733年，兰开夏的机械师凯伊发明了飞梭，将原来的掷梭改为拉绳，既解决了过去不能织宽布的问题，又大大提高了工作效率，使织布的速度提高了一倍。于是，棉纱顿时供不应求，改进纺纱技术便成为棉纺织业发展的关键。

1765年，织工哈格里夫斯发明了"珍妮纺纱机"，大幅度增加了棉纱产量。1779年，纺纱工人塞缪尔·克隆普顿改造了水力纺织机，人们将其命名为"骡机"，因为它兼具珍妮纺纱机和水力纺织机的优点，就像骡子兼有马和驴子的优点一样。"骡机"的发明，使纺纱的质和量都有显著的提高。棉纺业的这些技术革新揭开了英国工业革命的序幕。

第一次技术革命的基础是瓦特改良蒸汽机的发明和应

用。纺织机器的一系列发明和使用使动力成为急需解决的问题。原有的动力如人力、畜力、水力、风力等已经无法满足发展的需要，发明一种替代性的更强大的动力机成为工业生产的最紧迫的要求。当时，不少技术工人和机械师都在研究这个问题。哥拉斯堡大学的仪器修理工瓦特善于钻研，具有较高的科学素养，他在改进原有蒸汽机的基础上，经过反复实验和改良，终于在1785年成功发明了能普遍使用的高效动力机——复式蒸汽机，因其适用性广，被称为"万能蒸汽机"。该机器很快被广泛应用于纺织业、冶金业、面粉加工业等行业，大工厂在英国纷纷建立起来。这一切都得益于改良蒸汽机的发明。改良蒸汽机作为第一次技术革命的象征，标志着人类社会生产从此进入了一个机械化的时代。为了突出蒸汽机的重要作用，有人将这个时代形象地称为"蒸汽时代"。

19世纪，工业革命逐渐从英国延伸到欧洲大陆及世界其他地区，至19世纪中期，主要资本主义国家如法国、美国、德国、俄国以及日本，也都先后完成了工业革命。

改良蒸汽机的发明人瓦特也许怎么也想不到，他的蒸汽机竟然引发了人类文明的革命性变革。具体地说，这种伟大的变革表现在如下几个方面：

第一，它促进了社会生产力的巨大变革，创造了经济发展的奇迹。改良后的蒸汽机作为一种动力机，大大增强了人手的功能，增强了人类改造自然的能力，因而极大地推动了生产力的发展。据史料显示，从18世纪80年代末到19世纪初的30多年时间内，英国的纺织业、采矿业、冶金业、机器制造业得到了空前的发展。纺织业是英国工业革命的先行工业，未采用蒸汽机时的毛织品业，1788年的年产量为75000匹，而在采用蒸汽机后，到1817年，年产量则增加到490000匹；在未采用蒸汽机时的1776—1780年，英国平均每年的纺织品出口总额为670万英镑，而蒸汽机被采用后的1797—1800年，英国平均每年的纺织品出口总额猛增到4143万英镑。同样，采矿业也得到了极大发展。以产煤业为例，刚引入瓦特蒸汽机不久的1790年，产煤量为760万吨，而到1795年，则增加到10000万吨。冶金业同样也获得了迅速发展。在采用蒸汽机之前的1788年，生铁年产量为

61300吨，而在采用蒸汽机之后，1796年的生铁年产量即增加到125000吨。在以上各部门蓬勃发展的影响下，机器制造业也得到了相应的发展。以蒸汽机制造业为例，1810年英国的蒸汽机的年产量为5000台，而到1825年，蒸汽机的年产量已达15000台。

第二，它引起了人类经济结构的变革，最终使工商业经济在人类的经济活动中占据了主导地位。农业经济所从事的种植业和畜牧业，其性质是将原来自然界所固有的产品改造成人工培植的产品，这些产品本源上并没有超出自然界的生态范围，只不过是在这种生态变化过程中加入了人的劳动。但工商业经济活动不同，它要深入到地球的内部，获取燃料和矿产资源，生产出原来地球上所没有的人工产品，并把这种活动转变为人类的一种主要的经济活动，而把农业活动转变为一种非主要的经济活动。同时，改良蒸汽机的出现也使得人类社会最终完成了由自然经济形态向商品经济形态的转变，并且使手工业工场逐渐被以大机器生产为特点的工厂所取代。

第三，它推动了人类社会生活方式乃至思维方式的变革，使社会文明形态发生了整体的改变。工业革命促进了城市化的进程，使一个国家大部分居民逐渐转变成了城市市民。工业革命也改变了人们的生活方式，使人们日常生活几乎全方位地依赖于市场，人们的吃、穿、住、行等都离不开市场，现代人的生活就是一种建立在市场之上并且彻头彻尾地市场化的生活，市场渗透在人们日常生活中的每个角落。在农业社会，有集市，也有市场，但它们是附属于生产的，是与生产联系在一起的，而且市场在人们的生活中也不占据主导的地位。在工业社会，一切似乎都改变了。从事生产的人不销售，从事销售的人不生产，生产和销售完全割裂开来了。这种情形就使得人们的生活一刻也离不开市场。现代人在某种意义上就是"市场人"。工业革命也影响到人们的思维方式。工业革命使整个社会呈现出加速度向前发展的态势，一切都处在快速的变动过程之中，特别是随着交通的发展，人与人之间的距离似乎缩短了，人们之间的联系和信息的交流愈益频繁和快捷。这就使得人们思维观念的更新显得更为重要。人们的思维观念必须跟上时代的步伐，才不至于掉队落伍。

第一次技术革命所引发的这些社会变革，使得工业文明最终站稳了脚跟，成为继农业文明之后的一种新文明形态。这种新的文明并没有完全抛弃农业文明，它以现代的形式仍然存在于文明社会之中，但是它已从社会的中心区域退到了文明的边缘，在社会生产和生活中也不占主导地位。代替农业文明的是一种新的文明形态，这种文明形态的主要特点是：把过去主要从事农业生产的活动，转移到主要从事工商业经济的活动上来；把建立在人力和畜力基础上的小生产，转移到以机器为基础的大生产上来；把以每家每户为一个生产单位的分散的生产，转移到以工厂和公司为单位的集中的生产上来；把人们以村落为单元的散居状态，转移到以大小城镇为单元的聚居状态上来；把生产和市场的一体化，转移到实行生产和市场的社会分工的轨道上来；把悠闲和缓慢的田园生活，转移到快节奏的城市生活上来；把经验常规性的思维，转移到科学创新性的思维上来。正如马克思所描绘的："生产的不断变革，一切社会状况不停的动荡，永远的不安定和变动，这就是资产阶级时代不同于过去一切时代的地方。一切固定的僵化的关系以及与之相适应的素被尊崇的观念和见解都被消除了，一切新形成的关系等不到固定下来就陈旧了。一切等级的和固定的东西都烟消云散了，一切神圣的东西都被亵渎了。人们终于不得不用冷静的眼光来看他们的生活地位、他们的相互关系。"①

还值得一提的是，工业革命也使得民族历史转化为世界历史，整个世界包括那些最落后的地区，在商品经济的推动下，也都被卷到世界市场中来了。按照马克思的说法，这是一种世界历史性的过程。按照现在的说法，这是一个经济全球化的过程。对此，马克思在《共产党宣言》中作了较为具体和生动的论述。他说："不断扩大产品销路的需要，驱使资产阶级奔走于全球各地。它必须到处落户，到处开发，到处

---

① 《马克思恩格斯选集》第1卷，人民出版社1995年版，第275页。

建立联系。"①

"资产阶级,由于开拓了世界市场,使一切国家的生产和消费都成为世界性的了。使反动派大为惋惜的是,资产阶级挖掉了工业脚下的民族基础。古老的民族工业被消灭了,并且每天都还在被消灭。它们被新的工业排挤掉了,新的工业的建立已经成为一切文明民族的生命攸关的问题;这些工业所加工的,已经不是本地的原料,而是来自极其遥远的地区的原料;它们的产品不仅供本国消费,而且同时供世界各地消费。旧的、靠本国产品来满足的需要,被新的、要靠极其遥远的国家和地带的产品来满足的需要所代替了。过去那种地方的和民族的自给自足和闭关自守状态,被各民族的各方面的互相往来和各方面的互相依赖所代替了。物质的生产是如此,精神的生产也是如此。各民族的精神产品成了公共的财产。民族的片面性和局限性日益成为不可能,于是由许多种民族的和地方的文学形成了一种世界的文学。"②

"资产阶级,由于一切生产工具的迅速改进,由于交通的极其便利,把一切民族甚至最野蛮的民族都卷到文明中来了。它的商品的低廉价格,是它用来摧毁一切万里长城、征服野蛮人最顽强的仇外心理的重炮。它迫使一切民族——如果它们不想灭亡的话——采用资产阶级的生产方式;它迫使它们在自己那里推行所谓的文明,即变成资产者。一句话,它按照自己的面貌为自己创造出一个世界。"③

工业文明在一出世的时候,就先天地决定了它是一种世界历史性的存在。当然,工业文明的这种全球化的过程经历了一个由低级到高级的过程。在工业革命之前,新航路开辟之后,资产阶级就借助于暴力,采用掠夺的方式与其他国家进行贸易,但这种贸易活动还是零星的、个别的。工业革命之后,由于商品经济的迅猛发展以及铁路和航运的发达,这

---

① 《马克思恩格斯选集》第1卷,人民出版社1995年版,第276页。

② 《马克思恩格斯选集》第1卷,人民出版社1995年版,第276页。

③ 《马克思恩格斯选集》第1卷,人民出版社1995年版,第276页。

种贸易活动就发展成为大规模的和经常性的了，于是世界市场随之形成并日益扩展。

在第一次技术革命的推动之下，到了19世纪中期，又发生了第二次技术革命。这次技术革命以电动机和内燃机的发明和应用为标志，不仅推动了生产技术由一般的机械化到电气化、自动化的转变，更改变了人们的生产和生活方式。如果说第一次技术革命使工业文明最终得以确立，那么，第二次技术革命则使工业文明更加成熟，并发展到一个新的阶段。如果从资本主义制度形成和发展的过程来看，那么，第一次技术革命使资本主义制度最终得到巩固，而第二次技术革命则使资本主义由自由资本阶段过渡到垄断资本阶段。如果说第一次技术革命是从直接的生产领域中产生，所遵循的是生产—技术—科学的生成机制，那么，第二次技术革命则是从科学研究中产生，所遵循的是科学—技术—生产的内生机制。

第二次技术革命与第一次技术革命相比，在性质上是一致的，它们都是为人类提供先进的动力机械，本质上属于人手的延长。但是，第二次技术革命所提供给人们的动力机械即电动机和内燃机，要比蒸汽机先进得多，它不仅动力强大，而且能够远程传输。特别是电的发现，使电灯、电话、电报、电影乃至飞机等新的发明相继产生。同时，新的技术革命也促进了化学工业的发展，使化学工业从此成为一个新的工业领域。内燃机为大型机械和交通工具提供了更方便和更强大的动力。这一切都促使工业文明从原来的"蒸汽时代"过渡到"电气时代"，由以轻工业为主的时代过渡到以重工业为主的时代。

第二次世界大战之后，以电子计算机为标志的第三次技术革命发生了。与前两次技术革命相比，这次技术革命不仅以电脑、生物工程、空间技术和海洋开发等新兴技术群为标志，而且其性质也有所不同。如果说第一次和第二次技术革命是人手的延长，那么，第三次技术革命则是人脑的扩展。电脑作为一种智能机，它能部分替代人脑的功能，在某些领域甚至能超越人脑。因此，电脑发明出来之后，就被广泛应用于生产和生活的各个方面。特别是互联网出现之后，整个世界已经联为一体，人们借助于互联网能够与世界上任何一个人进行十分方便和快捷的交流,并实现信息共享。这种"神奇"的技术产生之后,整个世界又被推进到一个新的时代,即"信息时代"。

有人把信息时代的社会称为"后工业社会",这种称呼是成立的,但必须进行正确的诠释。我们认为,"后工业社会"仍然是工业社会。有人认为"后工业社会"已超越了工业社会,代表着一种新的社会形态,这种观点是大可商榷的。诚然,"后工业社会"与传统的工业社会相比又发生了革命性的变革,这种变革主要表现为信息产业在社会中已经占据了主导地位。但是,尽管如此,"信息社会"的实体经济仍然是工业经济,第一产业和第二产业仍然是整个社会的物质基础,"信息产业"、"信息经济"只不过是附着于实体经济的一种"虚拟经济",它是服务于实体经济的一种经济。因此,称我们这个时代为"后工业时代"也好,为"信息时代"、"知识经济时代"也好,它在本质上还是属于工业社会的一个发展阶段,并没有实质性改变。从工业社会业已暴露出来的矛盾来看,"信息社会"、"知识经济社会"并不代表人类文明发展的未来形态,文明的发展将证明,只有"生态文明"才代表了人类文明发展的未来趋势。

2.2 先天的缺陷:工业文明的内在矛盾

当工业文明刚刚诞生的时候,它先天所具有的内在缺陷就决定了它是一个不可持续的文明形态,因而也就注定了其在人类历史上的"转瞬即逝"的命运。

无疑,工业文明取得了辉煌的成就。正如马克思所说的:"资产阶级在它的不到一百年的阶级统治中所创造的生产力,比过去一切世代创造的全部生产力还要多,还要大。自然力的征服,机器的采用,化学在工业和农业中的应用,轮船的行驶,铁路的通行,电报的使用,整个整个大陆的开垦,河川的通航,仿佛是用法术从地下呼唤出来的大量人口,——过去哪一个世纪料想到在社会劳动里蕴藏有这样的生产力呢?"[①]与此同时,工业文明大大推动了自然科学和社

[①]《马克思恩格斯选集》第1卷,人民出版社1995年版,第277页。

会科学的发展，把人们探索的眼光从地球的表层扩展到地球的深层和外部的宇宙，在此基础上逐渐产生了近现代的自然科学和社会科学。迄今为止，自然科学已经形成了一个包括基础科学、应用科学和技术科学在内的由数千门学科组成的庞大的科学体系，它们还在以加速度的形式向前发展。科学的进步反过来又促进了工业文明的发展，使之呈现出日新月异的局面。社会科学也不例外，它在借助自然科学方法论的基础上，对人及其社会现象展开了比以往更加深刻和更加宽广的研究，从而也获得了巨大的成就，并且形成了一个包括哲学、文学、历史、社会学、心理学、政治学、经济学、管理学等在内的庞大体系。哲学社会科学在帮助人们探索社会的本质和正确处理人与社会的关系方面作出了巨大的贡献。

但是，历史的发展总是在矛盾中展开的。当人们陶醉在工业文明的一片辉煌成就之中的时候，其内部所包含的矛盾和问题也逐渐地暴露出来。历史的辩证法似乎注定了人类的命运：当你从自然界取得什么成果的时候，你就必然付出相应的代价；获得的成果越多，所付出的代价就越大；取得和丧失、进步和退步、文明和异化、上升和下降、正向作用和反向作用总是相辅相成的。这种历史的辩证法在工业文明中以最为典型和集中的形式表现出来了。

首先，工业文明在创造其辉煌成就时所使用的资源是不可再生的，在这里，取得和失去是直接联系在一起的。工业文明所使用的资源主要包括两大类，即作为燃料的矿石能源和作为原料的矿产资源，它们在地球的储存量都是有限的，消耗一点就少一点，在我们所能预见的时间内，科学技术还无法把这些资源用人工的形式再生出来。因此，这些资源终有一天会告罄，而这些作为工业文明基础的资源告罄之时，也就是工业文明自身灭亡之时。据有关资料显示，作为主要燃料的矿石能源石油和天然气最多还能供人类使用40多年的时间，大多数金属矿产资源只够人类使用100年左右的时间，其中与人类生活密切的铁、铜、铝、锡、金、银等金属按中等消耗水平计算，只够人类使用50多年的时间了。我们现在还无法精确地预料，在与工业文明生死攸关的资源消耗殆尽之时，人类将面临怎样的困境：飞机是否还能在天空中飞翔,轮船是否还能在大海中航行,火车是否还能在铁道上行驶,汽车是否还能在高速公路上全速行进;工业文明所赖以生存的自动化的大机器体系又面临怎样的命运,是否会在一夜之间全面瘫痪下来;人类日常生活所赖以生存的市场是否能在资源匮乏的情况之下照常运转。当一切号称为现代文明的体系停顿下来之后,人类将向何处去,这一切细节我们无从知晓,但可以肯定的是,工业文明是不可能照旧存在下去了,人们的生产和生活也不可能照旧进行了。当然,我们有信心,人类文明不会从此陷入毁灭,人类有智慧、有能力克服这些危机而找到新的文明的路径。

有学者认为,人类文明未来发展的方向是一个全新的"信息社会",或称"知识经济社会"。奈斯比特的《大趋势》、托夫勒的《第三次浪潮》、贝尔的《后工业社会》中都表达了这样的观点。在他们看来,取代工业文明的是这样一种新的文明形态:在这种文明形态里,大多数人都将从事信息和知识方面的工作,而从事第一产业和第二产业的人数将越来越少。他们认为,这样就大大减少了对地球环境的污染和破坏,因为在他们看来,信息和知识型经济是一种无污染的经济,因而是一种可持续的经济。这种观点是大可商榷的。如前所述,无论是信息经济还是知识经济,都是作为虚拟经济而存在的,只有附着在第一产业和第二产业的实体经济之上,才有存在的意义和价值。离开了实体经济之皮,所谓的信息和知识经济之毛何以焉附?因此,自20世纪70~80年代所逐渐来临的信息社会和知识经济社会,并没有改变工业社会的文明性质,作为第一产业的农业和第二产业的制造业,其消耗能源的方式并没有得到根本的改变,甚至由于其社会化程度的进一步提高,对于自然环境的破坏程度也更加严重了。所以,"信息社会"和"知识经济社会",尽管有其存在的合理性,但它们都不是人类文明未来发展的方向。

我们认为,判断人类文明发展趋势的正确方法是分析其内在的矛盾,并从这种矛盾中找到未来文明发展的方向。现在,人类文明所面临的最大困境是社会的飞速发展和能源枯竭之间的矛盾,是生产的飞速发展和环境污染之间的矛盾。未来的文明必须也只能在化解这些矛盾的基础上产生,因此，未来的文明形态必然是一种能够正确处理人与自然界矛盾的文明，也必然是一种转而使用可再生能源，因而能够实现可持续发展的文明，而这样的文明只能是生态文明。

其次，工业文明所产生的污染物已超出了地球所能承载的范围和能力，这一矛盾也无法在工业文明自身的发展中得到解决。自工业文明产生之日起，就存在着这样一个虚幻的观念：地球不仅蕴藏了取之不尽、用之不竭的能源，而且具有无限的自我净化和自我修复的能力。实践证明这种观念是十分错误的。不仅自然界所蕴藏的资源是有限的，而且其对于污染物和废弃物的承载能力也是有限的。在农业文明时代，由于人类活动的范围仅限于地球的表层，加之其活动的规模有限，其对自然环境的破坏大多限于地球的植被。当一个地区的植被被毁坏以后，这个地区的文明就陷入衰落。但农业文明又可以通过迁徙在其他地区得以继续存在，而且，原有被破坏的植被也可以在一定的时间范围内得到自我恢复。因此，尽管农业文明对自然环境也会造成一定破坏，但这种破坏的范围和程度都是有限的，而且最终也是能得到修复的。但工业文明则与之不同，它所排出的废气、废水和废渣等废弃物倾泻在空气和江河湖泊之中，对自然生态的破坏是多方面的；而且随着工业规模的不断扩大，其对自然环境的破坏超出了自然的自我净化能力。当这种破坏积聚到一定的程度时，就会造成严重的生态灾难，乃至危及人类自身的生存。现在，各种工业生产所排出的废气已构成了对空气的严重污染，已造成了对大气臭氧层的破坏，并产生了全球性的温室效应。从无数个工厂排放出来的废水和废渣使江河湖泊受到严重污染，使人类赖以生存的水资源的质量严重下降，乃至危及人类的身心健康。由各种废渣所堆积而成的"白色污染"和"黑色污染"不仅使土壤的质量遭到破坏，其排出的有毒物质也会危及人类的生存。还有，各种化学制品对环境的污染也十分严重。美国生物学家蕾切卡·卡逊于20世纪60年代在《寂静的春天》中所描绘的化学杀虫剂造成环境污染的景象，在今天不知要严重多少倍。今天的地球，已被工业文明折磨得伤痕累累，已无一完好之处。如果任其继续发展，地球将不再适合人类以及大多数生物生存。

最后，工业文明所构建的日益膨胀的市场化体系也与地球资源的稀缺性产生了不可克服的矛盾，这种矛盾在工业文明自身的范围内也无法得到解决。在经济形态上，工业文明的存在方式就是无所不在的市场。市场经济与以往传统经济的不同在于，它是建立在以追逐利润为目的，以交换为中介，以消费需求为动力的基础之上的，这就必然会偏离人类经济生产的正常轨道，把高利润和高消费当作人类生产的终极目的。假如地球资源是无限的，地球的空间范围也是无限的，那么这种发展模式不会存在太大的问题。问题是人类的生产活动有一个先天性的前提条件，这就是地球的空间是有限的。在这个有限的空间里，其所蕴藏的资源也是相对稀缺的，它不可能满足人们无限的欲求。这样一种先天的限制性条件，就决定了人类只能选择一种健康有益的、相对节俭的、合理的消费方式。而且，人类的这种消费方式，必须控制在可再生能源能够自我再生的范围之内。可是，工业文明运行的方式却存在一个严重的悖论：一方面，它面临的是人们消费欲望的无限性和地球资源有限性的矛盾，这种矛盾要求人们减少不必要的消费；但另一方面，为了追求更大的利润，却置这种矛盾于不顾，不断地用各种方式来刺激人们的消费欲望以拉动消费，因而造成了消费和自然资源之间更加严重的矛盾，这种矛盾在周期性的市场经济运行中恶性循环，愈演愈烈。这种状况是十分可悲的。人类是一种智慧的存在物，几乎每个智力正常的人，都能认识到这种矛盾的存在及其所造成的严重后果，但是，人类追求利润和享受的自私欲望，却又使自身无法停止市场经济的运行脚步。我们每个人就是在这种大众的欲望的裹挟之下，一步一步走向毁灭的深渊。其实，我们每个人都知道这最终的结局，但又怀着一种侥幸的心理，认为在自己这一代人存在的时间之内，这些灾难还不会发生。人们常常会这样想：我死之后，哪怕是洪水滔天，都与我无关了。因此，从社会发展的必然逻辑来看，尽管现在人们都在大力发展市场经济，把市场经济看作人类社会的必由之路，但由于其存在着如上所述的严重的内在矛盾，这种建立在消费拉动型经济基础之上的市场经济也不代表人类文明未来的发展方向。

以上所分析的工业文明中存在的内在矛盾，决定了它在创造耀眼的辉煌成就的同时，也必然把自己置于一个面临毁灭的境地。像其他文明形态一样，在经历了产生、发展和繁荣的阶段之后，它必然按照文明的运行逻辑而走向衰败和灭亡。而且工业文明与以往的原始文明、农业文明不一样，它不一定会被超越而走向衰落，而可能因资源的枯竭而自行毁灭。因此，人类文明必须在自我超越之中，不断扬弃自己，而探索新的发展路径，这是工业文明不可逃脱的历史的辩证法则。

2.3 文明的变革：工业文明的自我超越

人类文明发展史告诉我们：任何文明形态的发展都是一个历史的过程，它在经历了产生、发展和繁荣的阶段之后，必然走向衰败和灭亡，这是任何文明形态都难以摆脱的历史宿命。德国历史学家斯宾格勒在其《西方的没落》一书中，通过对历史上出现的8种文化形态，即古典文化(希腊文化)、印度文化、巴比伦文化、埃及文化、中国文化、阿拉伯文化、墨西哥文化以及西方文化的深入考察，论证了各种文化、各个文明形态都必然要经历诞生、生长、成熟、衰落四个阶段，他把这四个阶段比喻为人类的童年、青年、壮年和老年，也相当于自然界的春天、夏天、秋天和冬天。如同每个人的成长必然要经历童年、青年、壮年和老年，也如同一年之中要经历春、夏、秋、冬的四季变换，任何一种文明形态都会在经历了产生、发展和繁荣的阶段之后走向衰亡。斯宾格勒把这叫作文明的生命周期，历史上还没有一种文明能够自外于这种生命的周期而永恒存在。

英国著名的历史学家汤因比在其《历史的研究》一书中也表达了与斯宾格勒一样的观点，他考察了人类近6000年的发展历史中的26种文明，最终也得出了每一种文明形态在达到了高度的成熟之后必然走向衰落的历史性结论。

黑格尔在其《历史哲学》中也表达了类似的观点。他从辩证的观点出发，提出了历史的发展总的来说是一个从低级到高级、从不完善到完善的发展过程。他认为，由于世界精神在历史背后的支配和推动作用，整个历史文明的发展又呈现出由东方到西方的不断转移和迁徙的过程，而这一过程与历史不断向前演进的过程是不谋而合的。在黑格尔看来，历史文明的太阳最初是从东方即中国升起的，然后世界精神经过印度转移到波斯，再依次转移到埃及、古希腊、古罗马和德国。按照黑格尔的说法，中国文明和印度文明相当于文明的幼年时代，波斯文明相当于文明的少年时代，埃及文明相当于文明的青年时代，古希腊和古罗马文明相当于文明的壮年时代，德国文明相当于文明的老年时代。但他又认为，文明是不老的，所以文明的老年时代标志着其发展的最高阶段。黑格尔预言，世界精神在下一个历史阶段将继续转移到另一个半球。黑格尔还认为，在历史发展的每一个阶段，都有一个世界历史性的民族，它代表着文明发展的最高水平。但是，世界历史性民族不是固定的，而是不断转移的。黑格尔关于历史哲学的这些观点，也揭示了任何一种形态的文明，都要经历一个从产生、发展到衰落的过程。这是文明发展的历史辩证法。

工业文明也是如此。它与其前两个文明形态即原始文明和农业文明一样，当其发展到高度成熟的状态时，由于其内部矛盾的作用，也必然走向衰落。工业文明是从16世纪开始孕育而成的，18世纪中期，通过第一次技术革命站稳脚跟，至19世纪中后期，由自由资本阶段进入垄断资本阶段，20世纪40年代中期之后，又由私人垄断资本阶段进入国家垄断资本阶段，至20世纪80~90年代，再由国家垄断资本阶段进入国际垄断资本阶段，由此，工业文明通过垄断资本这个载体达到了高度成熟的阶段。这时候，工业文明自身内部的各种矛盾也充分显现出来。其中一个重要的不可解脱的矛盾就是人与自然之间的矛盾，这种矛盾已经严重到我们的地球难以承受工业文明之重的程度。尽管生活在这个阶段的人们，包括政府和广大的民众都已认识到这个问题的严重性，并且于20世纪60~70年代开始就大声呼吁要保护生态环境，维护我们所居住的地球的生态平衡，并提出了可持续发展的观念，各个国家的政府和民间组织也采取了一系列保护生态环境的举措，乃至制定了环境保护的法律法令，但是现实的情况却似乎完全不理会人类的这些努力，在工业文明固有的发展逻辑的支配下继续向前运行，致使环境的污染、生态的危机和资源的枯竭越来越严重。这是什么原因呢？在我们看来，其深层的原因就在于工业文明的这种基本的生存方式本身就是建立在掠夺和奴役大自然的基础之上的，因此，要真正解决人与自然尖锐对抗的矛盾，建设环境友好型社会，使人与自然的关系达到一种和谐的状态，根本的出路就在于超越工业文明本身，构建一个本质上能够与自然和谐相处的新的文明形态，毫无疑问，这种文明形态只能是生态文明。

生态文明作为未来的一种文明形态，它对于工业文明的超越是一个辩证的过程。超越不等于抛弃，更不等于毁灭，而是在继承和吸收工业文明及其成果的基础上发展出更高级的生态文明。例如，工业文明创造了高度发达的科学技术，对于这些科学技术，我们当然不能够把它们消灭掉，使人类重新回到一个原始和落后的状态，但是，我们要从根本上改变工业文明的那种生产和生活方式，确立一种在生态环境许可的范围内遵循大自然循环再生规律的新的生产和生活方式。这样一种生产和生活方式，我们把它叫作生态文明。当然，我们无从描绘未来生态文明这种新的文明形态的具体细节，但是，它遵循生态规律，使人类文明建立在永续发展的基础之上的基本特征，却是完全可以肯定的。

第 3 章 从"三个文明"到"四个文明"

从 20 世纪 70 年代起,我国政府就积极参与联合国组织和发起的环境保护行动,并相应地采取了一系列实际举措,从倡导环保的观念到生态文明建设思想的提出,从组建各级环保机构到制定环境保护的法律法令,体现了我国政府在环境保护和生态文明建设上所作出的巨大努力。尽管我国目前环境保护和生态文明建设的任务十分繁重,环境污染和生态问题的状况也十分严峻,但我们相信,只要始终坚持生态文明建设的既定方针,大力建设资源节约型和环境友好型社会,我们就能够在物质文明、精神文明、政治文明和生态文明的协调发展中取得更大的成就。

3.1 "两个文明"的划分:物质文明和精神文明

1979 年,叶剑英在庆祝中华人民共和国成立 30 周年大会上的讲话中首次提出"物质文明"、"精神文明"的概念,并初步论证了物质文明和精神文明协调发展的思想。他指出:"我们要在建设高度物质文明的同时,提高全民族的教育科学文化水平和健康水平,树立崇高的革命理想和革命道德风尚,发展高尚的丰富多彩的文化生活,建设高度的社会主义精神文明。这些都是我们社会主义现代化的重要目标,也是实现四个现代化的必要条件。"①这之后,在建设高度物质文明的基础上,努力建设高度精神文明,成为我国社会主义现代化建设的一项重要任务,并被载入宪法之中。1986 年党的十二届六中全会专门通过了《中共中央关于社会主义精神文明建设指导方针的决议》,事隔 10 年,1996 年党的十四届六中全会又作出了《中共中央关于加强社会主义精神文明

---

① 《十一届三中全会以来重要文献选读》(上),人民出版社 1987 年版,第 80~81 页。

建设若干问题的决议》。这两个决议结合改革和建设的实际，对社会主义精神文明建设的战略地位、指导思想、奋斗任务及其基本原则，都作了系统明确的论述，有力地推动了社会主义精神文明建设的发展。

坚持物质文明和精神文明两手抓，促进"两个文明"建设的共同发展，这是邓小平理论的一个重要内容。邓小平明确提出，"我们要建设的社会主义国家，不但要有高度的物质文明，而且要有高度的精神文明"①，两个文明都搞好，才是有中国特色的社会主义。他反复强调，一手抓物质文明，一手抓精神文明，"坚持两手抓，两手都要硬"。针对"一手比较硬，一手比较软"的情况，他多次指出："经济建设这一手我们搞得相当有成绩，形势喜人，这是我们国家的成功。但风气如果坏下去，经济搞成功了又有什么意义？会在另一方面变质，反过来影响整个经济变质，发展下去会形成贪污、盗窃、贿赂横行的世界。"②邓小平的这些论述从正反两个方面说明了"两个文明"必须协调发展而不能偏废的道理。

在总结"两个文明"建设成果的基础上，江泽民根据形势的发展，进一步阐发了邓小平关于坚持物质文明和精神文明两手抓的思想。江泽民不仅继续强调了坚持"两手抓"的重要战略意义，而且具体阐述了物质文明和精神文明之间的辩证关系。他指出，物质文明与精神文明，是人类社会实践的两种相互联系的伟大成果，是社会生产和社会生活的两个密切相关的组成部分。一方面，精神文明的发展，要有一定的物质条件，经济建设搞好了，生产力发达了，就会给精神文明建设提供更充实的物质基础；另一方面，又不能简单地把精神文明看作是物质文明的派生物和附属品，精神文明有它的相对独立性。那种认为只要物质条件好了，精神文明自然而然地就会好起来，而物质条件差，精神文明就不可能搞好的观点，是不正确的，也不符合历史发展的事实。这里，江泽民着重阐明了精神文明对于物质文明的依赖及其相对独立性的问题。对于精神文明对物质文明的能动作用，江泽民也作

---

① 《邓小平文选》第2卷，人民出版社1994年版，第367页。
② 《邓小平文选》第3卷，人民出版社1993年版，第154页。

了具体的论述："没有经济的发展，社会发展和精神文明建设就没有物质基础；没有社会的发展和精神文明的进步，物质文明建设就没有动力，经济发展目标就难以实现。"①在这一论述中，江泽民直接把精神文明的进步看作是物质文明建设的内在动力，把物质文明和精神文明真正有机地统一起来了。

  要正确理解物质文明和精神文明的辩证关系，关键是要把握二者之间作用的内在机制和本质规律。从理论上讲，物质文明是人类改造自然界的物质成果的总和，它包括生产力的状况、生产的规模、社会物质财富积累的程度、人们日常生活条件的状况等。精神文明是人类改造客观世界，同时也改造主观世界的精神成果的总和，是人类的精神生产的发展水平及其积极成果的体现。精神文明包括思想道德和科学文化两个部分，是这两个部分的统一。但在现实生活中，物质文明和精神文明是有机统一、不可分割的。物质文明中包含着精神文明，精神文明中渗透着物质文明，物质文明的创造需要精神文明的指导和推动，而精神文明的实现则需要物质文明为载体并以此为条件，纯粹的物质文明和精神文明是不存在的。二者之间就是这样一种互为条件、互为目的、相辅相成、耦合互动的辩证统一关系。把二者之间的关系外在化，或用线性决定论来诠释二者之间的关系，看不到它们之间的相互依存和辩证互动，这些观点都是片面的。

  就精神文明对物质文明的作用来说，党的十二届六中全会关于精神文明的决议明确地将其界定为为物质文明提供"精神动力"和"智力支持"。该决议指出："在社会主义时期，物质文明为精神文明的发展提供物质条件和实践经验，精神文明又为物质文明提供精神动力和智力支持，为它的正确发展方向提供有力的思想保证。"②为什么说精神文明能够为物质文明提供"精神动力"和"智力支持"？这种作用是如何实现的？这是我们理解两个文明辩证关系的一个关键点。

---

  ① 《江泽民文选》第 2 卷，人民出版社 2006 年版，第 258~259 页。

  ② 《十二大以来重要文献选编》（下），人民出版社 1988 年版，第 1174 页。

首先，精神文明对于物质文明的"精神动力"和"智力支持"作用，具有不同的内涵。精神文明所包含的思想道德和科学文化两个部分，就其文化的性能来看，前者属于价值形态的文化，后者属于智能形态的文化，二者由于文化性能不同，所产生的社会作用自然有所不同。作为价值形态的文化，它所体现的是人们关于事物善恶美丑的看法。由于人是有理性的存在物，人的一切行为都是在一定的思想观念和价值准则的指导下进行的，因而人们的实践活动不仅具有一定的选择性和目的性，而且渗透着强烈的情感心理因素，决定着人们的主动性、积极性和创造性的发挥程度。在实际生活中，人们总是按照自己对于事物的认知和理解来决定自己的行为，其中价值评判是行为的最初动因和最基本的内驱力。因此，思想道德作为价值形态的文化，能够为物质文明的发展提供强大的"精神动力"。精神文明中的科学文化部分作为智能形态的文化，它所体现的是人们对于事物的存在属性及其本质规律的认识，人们获取关于客观世界的科学知识并运用它来改造世界。科学文化的这种作用主要通过不断革新劳动工具和劳动对象并提高劳动者的技能来实现，在现代社会中，它所提供的"智力支持"已成为推动物质文明发展的主导性力量。可见，精神文明中的这两个部分在物质文明建设中发挥着不同的作用，但又不是彼此分立的，它们之间也存在着相互渗透和相互依存的关系。"美德即知识"，2000多年前的苏格拉底就已认识到美德需要知识的滋润，才有坚实的根基；而知识则需要美德作保证，才能健康发展。

其次，精神文明为物质文明所提供的"精神动力"和"智力支持"，不是一种外在的力量，而是一种内在的精髓和要素。正如江泽民同志所指出的，"物质文明和精神文明，是人类社会实践的两种相互联系的伟大成果，是社会生产和社会生活的两个密切相关的组成部分"①。它们相互包含，相互补充，不可分割。精神文明的发展离不开物质文明的推动，同样物质文明的发展也离不开精神文明的支撑。没有精神文明的参与，物质文明既不可能产生，也不可能延续下

---

① 《江泽民文选》第1卷，人民出版社2006年版，第575页。

去。在一定的意义上，精神文明就是物质文明的内核，它寓于物质文明之中，构成物质文明的内在精髓和要素。如果我们把物质文明的发展比作一辆正在运行的列车，那么精神文明就是推动这辆列车前进的最重要的动力源泉之一。但是，对于精神文明的这种作用，我们往往对其作了外在化的理解，似乎精神文明提供给物质文明的"精神动力"和"智力支持"，只是一种外在的推动力量，因而只起一种"加速"和"延缓"的作用。这种解释很容易给人们造成一种错觉，好像物质文明离开精神文明也能独立地发展，精神文明的作用只是从外部施加一种力量，起一种积极的或消极的作用。这样理解精神文明的作用，是不符合马克思主义唯物史观的实质的。马克思关于社会意识对于社会发展"加速"或"延缓"的反作用问题，论证的是社会意识和社会存在的辩证关系，这种辩证关系是一种有机的内在联系，而不是两个不同事物的外在作用。对于事物之间的这种有机的、内在的辩证关系，恩格斯曾作过这样的论证："所有的两极对立，都以对立的两极的相互作用为条件；这两极的分离和对立，只存在于它们的相互依存和联结之中，反过来说，它们的联结，只存在于它们的分离之中，它们的相互依存，只存在于它们的对立之中。"①社会存在和社会意识、物质文明和精神文明之间的辩证关系正是这样。

3.2 "政治文明"的提出：在物质文明和精神文明之间

社会文明作为一个有机的整体，包含了物质文明、政治文明和精神文明三大构成要素，其中政治文明表现的是社会政治制度和政治生活的进步程度，它介于物质文明和精神文明之间，成为规范整个文明体系有序运行的重要保障，对于物质文明和精神文明的发展具有重要的促进作用，是社会文明系统中不可或缺的有机构成部分。

改革开放以来，我们始终没有放松过政治文明的建设。

---

① 《马克思恩格斯选集》第 4 卷，人民出版社 1995 年版，第 349 页。

邓小平早在1980年所作的《党和国家领导制度的改革》的讲话中，就对政治体制改革作了总体的思考，提出了政治体制改革的基本构想，这篇讲稿可以说是关于社会主义政治文明建设的宣言书。党的十二届六中全会所作的《关于社会主义精神文明建设指导方针的决议》也明确指出："我国社会主义现代化建设的总体布局是：以经济建设为中心，坚定不移地进行经济体制改革，坚定不移地进行政治体制改革，坚定不移地加强精神文明建设，并且使这几个方面互相配合，互相促进。"①这实质上阐明了"三个文明"建设的重要性及其内在统一关系。

但是，过去我们一直没有明确提出"政治文明"的概念，没有把政治文明当作整个社会文明体系中一个具有相对独立性的构成部分来加以思考，而是把它放在精神文明建设之中，将其作为一个与精神文明相关联的内容来加以界定，这就使得政治文明在社会发展中的应有地位没有充分地显现出来。随着改革开放的深化和现代化建设的发展，政治文明建设的重要性日益凸现，它在整个社会文明建设中的不可替代作用已逐步显露出来。正是在这样的条件下，江泽民适应形势的发展，于2001年5月31日在中央党校省部级干部进修班毕业典礼的讲话中，首次明确提出了"政治文明"的概念。在谈到发展社会主义民主政治时，江泽民指出，发展社会主义民主政治，建设社会主义政治文明，是社会主义现代化建设的重要目标。在党的十六大报告中，江泽民又把发展社会主义民主政治、建设社会主义政治文明作为全面建设小康社会的重要目标提出来，并全面规划了政治文明建设和政治体制改革的具体方案。"政治文明"概念的提出，绝不是一个简单的名词术语的提出，而是一个重大的理论贡献。它适应于我国改革开放和社会主义现代化建设的发展要求，是我们党领导人民坚持和发展人民民主长期实践的必然结论，进一步深化了我们党对中国特色社会主义事业的规律性认识。

从物质文明、政治文明和精神文明"三个文明"的基本观

---

① 《十二大以来重要文献选编》（下），人民出版社1988年版，第1173~1174页。

构架着眼，我们对于精神文明在政治文明建设中的作用有了更为清醒的认识。从根本上看，精神文明和政治文明的关系是互动的。一方面，精神文明的发展需要政治文明作保障，并且在一定的意义上直接决定于政治文明的性质和状况；另一方面，政治文明的发展也需要精神文明作理论的指导和文化支撑。物质文明对于精神文明的决定作用，必然要通过政治文明这个中介而发挥，这就是物质文明和精神文明的发展呈现出不平衡性的最根本的原因；而精神文明对于物质文明的能动作用，往往也要通过政治文明的折射来实现。三者以政治文明为纽带而有机统一，互为条件，互为目的，耦合互动。

精神文明对于政治文明的作用主要表现在两个方面。其一，精神文明对于政治文明具有理论的范导作用。一定的政治法律制度作为政治文明的根本不是无缘无故产生的，而是在一定的政治法律思想的指导下有意识地建构起来的。纵观人类的政治法律制度史，总是先有新的政治法律理论的提出，然后才可能通过一定社会变革的形式建立起新的政治法律制度。政治制度必须在摧毁旧制度之后，根据一定的政治思想自觉地建立起来。正是由于这种区别，列宁才在分析社会关系的时候，把经济制度划分为"物质关系"，而将政治制度划分为"思想关系"。列宁对于经济制度和政治制度所作的这种区分，也从一个方面说明了作为精神文明范畴的政治思想对于政治文明的范导作用。其二，精神文明对于政治文明具有文化支撑作用。一定的政治制度建立之后，也需要社会的精神文明给予文化的支撑。从根本上讲，一定的政治制度都是建立在一定的经济基础之上的，但同时也建立在一定的文化发展的基础之上，特别是在现代，科学文化与经济的发展是如此密切，以至科学文化在社会经济发展中占据了主导性的地位。在这种条件下，精神文明对于政治文明的文化支撑作用就愈益突出。与此同时，文化对于政治文明的支撑作用还表现在人的文化素质的提高。政治文明的主体是人，只有人的文化素质——包括思想道德素质、民主法制素质和科学文化素质——提升了，政治文明才能随之发展。政治文明的发展程度一般来说是与政治主体的文化素质相适应的，我国改革和建设的实践已经证明，没有全民族文化素质的提高，要创造高度发达的社会主义政治文明是不可能的。

3.3 "四个文明"的概念：生态文明的构建

节约资源和保护环境是我国的一项基本国策。党的十六大报告确立了可持续发展战略，提出了走生产发展、生活富裕、生态良好的文明发展道路。党的十六大以来，我国党和政府按照科学发展观的根本要求，提出了"统筹人与自然和谐发展"的方针，把建设资源节约型和环境友好型社会确立为国民经济和社会发展的战略任务，作出了一系列重大部署。正是在这样的基础之上，党的十七大报告进一步提出了"生态文明"的概念。报告指出："坚持节约资源和保护环境的基本国策，关系人民群众切身利益和中华民族生存发展。必须把建设资源节约型、环境友好型社会放在工业化、现代化发展战略的突出位置。"[①]

从1979年"两个文明"的概念，到2002年"三个文明"的提出，再到2007年"四个文明"的确立，充分说明了我们党和政府对于全面建设文明社会认识的深化和发展。如果说21世纪之初，"政治文明"概念的提出反映了改革和现代化建设不断深化的要求，那么，党的十七大报告提出"生态文明"建设的概念，则进一步反映了改革和现代化建设必须走科学发展之路的历史规律。

随着社会的发展，人类对文明的认识和实践也是不断深化和拓展的。在改革开放之初，当时我国经济面临崩溃的边缘，全国人民处在吃不饱饭的饥饿状态。在这种形势下，只有大力发展生产力，坚持以经济建设为中心，坚定不移地建设社会主义的物质文明，才能够解决当时迫在眉睫的温饱问题。正是在这样的背景下，我们党和政府提出物质文明和精神文明两个文明建设的任务，是切合当时的历史条件的。当我国的改革建设进入新世纪新阶段，发展社会主义民主政治，推进政治体制改革，建设社会主义政治文明，成为推进

---

① 《十七大以来重要文献选编》（上），中央文献出版社2009年版，第19页。

改革的一项重要任务。江泽民审时度势，于21世纪之初提出了"政治文明"的概念，使原来的"两个文明"建设转变为"三个文明"建设。在这一过程中，生态问题是始终存在的，而且有不断恶化的趋势。正是针对这种状况，党和政府在总结以往环境保护经验和教训的基础上，借鉴和吸收其他先进国家的有益经验，于党的十七大上正式提出"生态文明"的概念，从而使"三个文明"建设转变为"四个文明"建设。可以肯定，随着经济社会的发展，我们还会提出新的文明建设的任务，使社会文明建设更加全面和深入。

那么，生态文明建设与其他"三个文明"建设是一种什么样的关系呢？总的来说，这"四个文明"建设相互依存、相互渗透和相互促进，构成一个有机的文明整体。其中生态文明是社会文明发展的自然前提，物质文明是社会文明发展的经济基础，精神文明是社会文明发展的思想导向，政治文明是社会文明发展的制度保证。四者相辅相成，缺一不可。

在整个社会文明建设中，生态文明又占有一个特殊的重要地位。首先，它为物质文明提供劳动的对象和劳动的资源。我们的一切经济活动都是依赖于自然界的，所谓工业文明所创造的人工产品，归根结底不过是自然资源的一种变形和改装。离开自然界，人类的一切活动都无从进行。其次，它是精神文明建设的有机组成部分。过去，我们认为精神文明包括科学文化和思想道德建设两个组成部分，现在看来，这种划分已经显得不够了。在生态文明建设显得日益重要和紧迫的形势之下，把生态伦理、生态意识、生态价值等生态文明观念纳入精神文明建设的范畴，使之成为精神文明建设的一个有机组成部分，乃大势所趋。最后，它也是政治文明建设的重要组成部分。现在各国政府包括我国政府都制定了生态环境保护的法律制度，"生态体制"或"生态制度"已成为一种新的政治概念被纳入政治文明的范畴。在当今世界性的生态问题日益严重的情况下，西方的一些生态社会主义者认为，人与环境的矛盾已经上升为资本主义的基本矛盾，尽管这一观点并不科学，但是它提出的问题是引人深思的。

在我国，要搞好生态文明建设，需要在观念更新、制度构建、科技进步、污染防治、生活实践等多个方面进行综合治理，切实把生态文明建设贯彻落实到我们的每项工作和日常生活中去，其中制度建设显得尤为重要。制度是节约资源和保护环境的基石，制度缺失和体制不合理，是导致我国资源浪费和生态环境恶化的重要原因。因此，欲构建资源节约型和环境友好型社会，推进资源节约和环境保护工作，就必须花大力气消除制度性障碍，按照党的十七大报告的要求，"要完善有利于节约能源资源和保护生态环境的法律和政策，加快形成可持续发展体制机制"①。如此，我们才能够有效地保证生态文明建设的健康发展。

---

① 《十七大以来重要文献选编》（上），中央文献出版社2009年版，第19页。

本质内涵篇 ● ● ●

生态文明是在反思工业文明的内在矛盾、超越"人类中心主义"的基础之上提出来的一种新型的文明观念和文明形态。它绝不是一个简单的新提法和新概念，而是包含了丰富和深刻的本质内涵。只有深入分析和揭示这些本质内涵，才能为生态文明建设提供科学的理论依据。

第4章 超越"人类中心主义"

探讨生态文明的本质内涵,首先必须对"人类中心主义"进行深刻反思和重新评价。在此基础上树立生态系统思维。

4.1 "人类中心主义"的概念

"人类中心主义"的观点由来已久。到了近现代之后,这种观念被推到了极端,无论在理论上还是在实践上,都造成了严重的后果。根据现代实践的发展,借鉴人类文化的一切积极的智慧成果,包括传统文化中的"天人合一"思想,对"人类中心主义"的观念进行深刻的反思和理性的超越,具有十分重要的现实意义。

"人类中心主义",简单地说,是以人自身的利益为价值标准去评判一切事物合理与否的一种思想观念。这种思想观念以人类和人类的利益为中心去看待人之外的一切自然物,把那些作为人的对象的自然物看作是人为了自身的存在和发展而有权加以利用和处置的工具性存在。根据"人类中心主义"的这种思想观念,只有对人的生存和发展有用的东西才是有价值的,否则就是没有价值的;价值的属性是人所特有的,一切非人的自然物则无自身的内在价值。我们说某物具有价值是相对于人而言的,是根据其对人的有用性所赋予它的。根据这种思想观念,伦理道德也是人所特有的,它只存在于人与人、人与社会的关系之中;在人之外的生物界以及整个自然界是不可能存在伦理道德关系的,因而,我们不必要也不可能把人类所特有的这种伦理道德关系扩展到人之外的生物界。

"人类中心主义"的起源可以追溯到人类的原始时代。可以说,从人类走出动物界而成为有智慧的高级动物开始,人类就必然以其自身的利益为中心来处理人与自然界的关系,并且以此为标准对事物的价值做出判断。但是,在人类的早期乃至人类进入农业社会之后,由于生产力的相对落后,人在自然界面前仍然显得十分渺小。人与其他生物一样，在总体上仍隶属于自然界的统治，所以，在这种历史条件下，"人类中心主义"实际上只能作为一种抽象的观念而存在，而不可能成为一种客观的事实。到了近代之后，随着科学技术的发展，人类改造自然、征服自然的能力不断增强。到了现代之后，人类对自然界的这种征服和改造成了自然界难以承受之重，人与自然的矛盾达到了非常尖锐的程度，生态环境的恶化甚至威胁到了人类自身的生存。在这样的历史条件下，在人与自然的关系中，"人类中心主义"才由一种抽象的观念转化为一种客观的存在。

4.2 "人类中心主义"的反思

应该肯定，"人类中心主义"也有其历史的合理性。人类的一切文明成果，尤其是工业文明所创造的辉煌成就，在一定意义上就是在高扬"人类中心主义"的旗帜下获取的。笛卡儿就曾主张，"借助实践哲学使自己成为自然的主人和统治者"。康德提出"人是自然界的最高立法者"，并喊出了"人是目的"的口号。洛克认为，"对自然界的否定就是通往幸福之路"。培根则主张利用知识这种"力量"来征服和驾驭自然界，使自然界服从人类的需要。这些带有鲜明"人类中心主义"色彩的思想曾鼓舞人们去探索自然的奥秘、开发自然的资源和创造社会的财富，建造起了人类工业文明的宏伟大厦。

如果这种"人类中心主义"没有也不会对自然界造成严重危害，如果人与自然的异化关系不会反过来危害人类自身的存在，如果自然界具有无穷无尽的资源和无限的自我修复能力的话，那么，人类所奉行的这种"人类中心主义"可以一如既往地按照它的既定逻辑存在下去，而不必讨论什么"反思"和"超越"了。但问题是，"人类中心主义"借助于现代科技所产生的自我膨胀，已使人与自然的紧张关系达到了无以复加的程度。"尊重自然"、"敬畏自然"、"拯救人类"、"拯救地球"已经成为全人类的共同呼声。正是在这样的形势下，人们开始了对传统"人类中心主义"的反思和批判。因此，对"人类中心主义"的反思和超越不是某些哲学家、思想家和科学家"内心激动"的产物,也不是一场纯粹的学术之争,而是历史发展的必然要求,是人类寻求可持续发展的共同愿望。

从20世纪50年代开始,鉴于生态环境的日益恶化,一些有识之士就开始对"人类中心主义"的观念进行批判性的反思。最早对"人类中心论"提出批判的是海德格尔。海德格尔在《论人类中心论的信》中指出:"人不是存在者的主宰,人是存在者的看护者。"他呼吁人们保护地球,保护人类的基本生存条件,不要以人为中心,一味地掠夺和利用自然界的东西,为此,他明确提出了"反对迄今为止的一切人类中心论"。1962年,美国生物学家蕾切尔·卡逊的《寂静的春天》一书,披露了化学杀虫剂对人类环境造成的严重危害,这种危害使生机勃勃的春天都"寂静"了,她据此得出了这样的结论:"'控制自然'这个词是一个妄自尊大的想象产物,是当生物学和哲学还处于低级幼稚阶段时的产物,当时人们设想中的'控制自然'就是要大自然为人们的方便有利而存在。应用昆虫学的这些概念和做法在很大程度上应归咎于科学上的蒙昧。这样一门如此原始的科学却已经被最现代化、最可怕的化学武器武装起来了;这些武器在被用来对付昆虫之余,已转过来威胁着我们整个的大地了,这真是我们巨大的不幸。"[1]

1987年,美国哲学家胡克在《进化的自然主义实在论》一文中通过"反人类中心论"一节,专门对"人类中心论"进行了批判。他说:"按照我们目前对世界的认识,人不是万物的尺度。人类的感知认识是有限制的,易错的,人类的想象也是有限并经常是狭隘的,人类对研究资源的组织和理解也不高明,等等。"[2]因而,他对"人类中心论"提出了尖锐的批评。他指出:"人类没有哲学所封授的特权。科学的最大成就或许就是突破了盛行于我们人类中的无意识的人类中心论,揭示出地球不过是无数行星中的一个,人类不过是许多生物种类中的一种,而我们的社会也不过是许多系统中比

---

[1] [美]蕾切尔·卡逊:《寂静的春天》,吕瑞兰、李长生译,上海译文出版社1997年版,第263页。
[2] 中国社会科学院哲学研究所自然辩证法研究室:《国外自然科学哲学问题》,中国社会科学出版社1991年版,第70页。

较复杂的一个。尽管这类认识给予人们以强烈的震撼,但它们使我们对自身真实状况的认识极大地清晰起来。此外,它们可能也是其他领域中任何进一步重大成就的必要条件。"[1]

现代的生态主义者对"人类中心主义"进行了全面的反思和批判。尽管由于其流派繁多而观点不尽一致,但其中提出的一些重要思想也引起了人们的强烈反响,并已在社会中产生了广泛和积极的影响。例如,关于动物、植物乃至一切自然物都有其内在价值和自身利益的思想,关于以自然为中心的思想,关于以人与自然的和谐统一为基础建立生态伦理的思想,等等。这些思想也许还存在着这样或那样的偏颇和缺陷,但是,它们从一个相反的角度对人与自然的关系提出了新的看法,对旧的观念进行了较为全面和深刻的批判,这对人们重新认识人与自然的关系无疑具有积极的价值。

首先,关于伦理道德的问题。过去我们认为伦理道德关系只局限在人类社会的范围内,而把动物、植物乃至一切非人的自然物都排斥在伦理道德的范围之外。根据这种传统的伦理道德观念,我们似乎可以随意杀戮一切生物,而不违反伦理道德;我们可以任意砍伐森林或向自然界释放废气和倾倒废弃物,而不必感到良心不安,哪怕这样做违背法律。用现代的观点来看,这种传统的伦理观显然是太狭隘了。许多动物都是人类的好朋友,难道我们可以任意去剥夺它们的生命吗?森林和河流也是人类生产和生活须臾不可缺少的环境资源,难道我们可以任意去破坏它们吗?在这些问题上,尽管我们也陆续出台了一些法律法规来规范人们的行为,但在伦理道德上却还是一片空白。现代的生态伦理学在反思和批判"人类中心主义"的基础上,提出了动物的平等权利的概念,主张建立生态伦理学或环境伦理学,把保护动植物乃至一切与人类相关的自然物纳入伦理道德的范畴。这无疑是文明发展史上一个伟大的进步,值得予以充分的肯定。

其次,关于动物、植物乃至一切自然物有其内在价值和自身利益的思想。不少学者反对这种观点,认为价值、利益

---

[1] 中国社会科学院哲学研究所自然辩证法研究室:《国外自然科学哲学问题》,中国社会科学出版社1991年版,第70页。

的概念是人所特有的，离开了人就无所谓内在价值和利益的问题，人之外的一切自然物的价值都是外在的，是相对于人的有用性而言的。显然，如果按照传统的价值观念来考量，这种认识无疑是合理和正当的；但是，如果我们跳出这种传统的思维观念，那么所谓价值和利益的概念就会呈现出新的外延和内涵。例如价值，如果我们不是站在人的立场上，而是站在动物的立场上去思考和看待问题，那么自然就会得出这样的结论：对动物有益或有用的事物才是有价值的。一切自然物都需要寻求适合自己生存的环境条件，也都有其出于自身生命本能的内在需要，尽管它们不像人类一样拥有自我意识，但是这种建立在其自身内在需要的基础上的内在利益和内在价值，作为一种客观的存在，是我们无法去加以否定的。如果我们为了维护和坚持传统的"人类中心主义"的观点，就断然否定动物也有自己的内在需要、内在利益以及内在价值，这只能说明人类自身的武断、专制和粗暴，这样的思想观念和思维方式与现代意识已经不相容了。

4.3　生态系统思维

我们提出对传统"人类中心主义"的反思和批判，并非彻底否定它的历史合理性。即使在现代，"人类中心主义"仍然有它的价值位置，可以说，地球上的任何一个物种包括人在内，他们的一切活动和思想意识都是从有利于自身的生存和发展出发的，这种"唯我性"的活动方式乃出于一切生命的本能，因而无可厚非。因此，全盘否定"人类中心主义"的合理性而主张"自然中心主义"的观点，不过是以另一种方式犯了与"人类中心主义"一样的错误。我们提出对"人类中心主义"的反思和超越，不是要滑到另一个极端，主张"动物中心主义"、"生物中心主义"、"大地中心主义"；而是要从这种单维单线的本质主义或本位主义的传统思维中摆脱出来，在人与自然的相互联系中看待和思考人与非人的自然物的关系。这是一种建立在以整个地球为对象的整体系统的思维，根据这种思维观念，地球本身就是一个宏大的有机系统，在这个系统里，人与万物相互联系、相互依存，它们作为地球系统的子系统或要素，有其自身的内在价值和内在利益；但是，每一个物种都必须服从地球系统的整体利益和整体价值，地球的整体利益和整体价值高于其内部每一个子系统或要素自身的利益和价值。这样一种基于地球整体的有机的系统思维，并没有完全否定传统的"人类中心主义"观点，而是在更高的思维形态上以扬弃的形式把它包含在自身的范围内。

第 5 章　寻求社会的永续发展

生态文明建设是一个系统的工程，它包括生态意识建设、生态产业建设、生态生活建设、生态体制建设等几个方面，只有把这几个方面有机地结合起来，才能有效地推进生态文明建设。

5.1　树立生态意识

生态意识是生态文明思想理论体系的重要内容，是人们对于深层环境的基本观点和看法，特别是对于如何处理人与自然的关系所持有的基本立场、观点和方法。

生态意识本身具有丰富的内涵，具体地说，它包括生态认知意识、生态价值意识和生态审美意识。

首先，必须确立科学的生态认知意识。科学的生态认知是建立在科学的生态观的基础上的。所谓生态观，就是人类对生态问题的总的看法或根本观点，它是建立在现代生态科学所提供的基本理论思想的基础上的，其基本观点包括三个方面的内容：对生态与环境之间运动和变化规律的认识、对生态系统的整体运动规律的认识、对人类在整个生态系统中的地位的认识。在这些观点中，最引人注目的观点是，认为在整个地球的大系统中，所有的物种都是这个系统的平等成员，它们都有其内在的价值，并享有同等的权利。因此，人不仅要关心自己的同类，而且要关心所有的生命乃至所有的自然物质；不仅应在人类社会中废除人对人的奴隶制，而且应在自然界中废除人对物的奴隶制；善的道德不仅意味着要以人道主义的态度对待人，也意味着要以同样的态度对待所有的生命。

现代的生态观是科学生态学的产物，它建立在严密的实证科学的基础之上。相对于传统的伦理价值观来说，它的提出是一次具有革命意义的质的飞跃，它把人们从原来局限于人类自我本位的狭隘眼界中解脱出来，在整个地球生态系统的大视野中来重新观照和定义人在宇宙世界中的地位;它有力地批判和破除了人类狂妄自大的心理,开始以清醒的认识和平等的态度去看待人之外的其他生命和其他物种;它力图克服孤立的、机械的原子主义的思维方式,试图从相互联系的、有机系统的视角去看待不同生命和物种之间的关系。显然,这样一种思想观点和思维方式与西方的传统文化是大为不同的。

现代的生态观又以现代的生态主义为主要的思想载体,它集中表现了现代生态主义的基本观点。生态主义是在生态文明的发展过程中,于20世纪末期,在西方后现代的语境下产生的一种特定的社会思潮,现已发展成为一种涉及多学科的、综合性的科学理念。"生态主义"这一术语最先是由安德鲁·杜伯森于1992年在其著作《绿色政治思想》中提出来的。在提出这一概念的同时,安德鲁指出,这一新的术语虽然还没有完全固定下来,但它已经在诸多方面形成了一种不同于其他意识形态的思想理念,这种思想理念是由生态学家以及关注生态环境的思想家们在以往近半个世纪的探索中,依据社会科学和自然科学的成果而抽象出来的。这种生态主义在其自身的发展过程中,最终形成了两个基本的派别:生态中心主义的生态主义与人类中心主义的生态主义。但在狭义的意义上,人们往往直接将生态中心主义的生态主义称作生态主义。

那么,作为生态中心主义的生态主义,其基本思想观点是什么呢?根据国内著名学者周来祥的概述,其基本观点表现在三个方面:一是主张以自然为本,把自然作为其分析问题的出发点、中心点和归属点。生态主义者明确表明其最终目的就是为自然而自然,以保护自然的原生态。美国的缪尔主张"为荒野而荒野"、"坚持为荒野的精神",提出以"生物的固有价值而保护自然"。二是反对人类中心主义。生态主义激烈批判人类中心主义,认为它是导致生态失衡、环境污染的罪魁祸首。三是认为人是自然生物链条中的一个环节,人与动物是完全平等的。这种观点是建立在生态学的基础上的。根据生态学的观点,在整个生态系统中,生物有机体作为个体(individual)是生态系统的基本单位,相同物种的个体组成种群（populations），种群的集合创造出共同体（communities），共同体与环境的非生物成分的集合形成生态系统（ecosystem）。其中，作为有机体的个体是生态学研究的最基本对象，每个有机体在与环境的相互作用中都是作为相对独立的行为主体而存在的，因此，在整个生态系统中，每个有机体都是一个行为的主体，它们之间既相互合作又相互竞争，在生态世界中无所谓绝对的主体和绝对的中心。因此，生态学在其诞生之初，就已与人类中心主义分道扬镳，而主张自然中心主义。现代生态主义就是建立在这种以自然为中心的生态学的基础之上的，它所提出的上述三个基本观点也是以此为根据的。

那么，我们如何评价生态主义的这种基本观点呢？应该肯定，现代生态主义所主张的生态观反映了人们对自然环境的深切关注，揭示了人与环境相互依存的内在联系，特别是它把人置于更为广泛的生态系统中加以考察，具有十分积极的意义。实际上，生态学的这些观点已经渗透在当代的政治学、经济学、社会学、建筑学、城市学乃至文学、艺术、美学等多个学科领域中，已对现代社会产生了广泛而重大的影响。对这种积极的作用，是应予以充分肯定的。但是，生态主义以及它所主张的生态观在一开始就存在着不可避免的局限性，这就是，它在宣扬以自然为本和万物平等的观念时，却把人的主体性、能动性和目的性给抹杀了。在人与自然的关系中，人不仅仅是众多物种中的一种，他还是一个高于其他物种的、有自我意识和创造能力的智慧主体。作为这样的主体，他不是简单地服从于自然界，而是能反过来改造自然界甚至创造自然界。人是一种有理性、有智慧的存在物，他的活动也并非只是给自然界带来了干预和破坏，他还能够通过认识自然界和发挥自己的能动作用来修复和改善自然界的生态环境。例如，他能够通过疏通河流来防止洪水的泛滥，通过栽种人工林木来防止沙漠的侵蚀。如果从人与其他生物绝对平等的观点出发，就会得出人与阿米巴原虫没有什么不同的荒谬观点；假如我们完全遵从生态主义的观点，我们就会真的从现代社会回到原始的丛林里面去。因此，如果把生态主义的观点推到极端，就会导致对现代文明的全盘否定，就会得出历史倒退论的观点。所以，我们不能把生态主义推向极端，不能把它当作绝对真理来看待，而只能在分析的基础上有取舍地接受它，吸收其中有价值的思想，为我们今天的生态文明建设服务，这才是我们应该采取的正确的辩证态度。

科学的生态认知意识建立在科学的生态观和生态学的基础之上，我们要树立科学的生态认知意识，就必须对生态观和生态学的基本知识有一定的了解，把自己的生态意识仅仅建立在日常经验的基础上是靠不住的。

所谓生态价值意识，是指从生态学的观点出发，对自然生态价值的一种评价。按照传统的价值观，自然生态本身是无所谓价值的，其价值完全由能否满足人的需要来决定。现代科学的生态价值意识则以承认自然界的生物乃至无机物质均有其内在的价值为基本的价值原则，这种价值原则就从根本上突破了传统的价值观念。

所谓生态审美意识，是指对于自然生态的一种审美感受和审美观念。传统的审美观以人的实践为基础来评判事物的美丑，凡有利于生活实践的就是美的，反之就是不美的。现代生态审美意识则以回归自然为导向，以是否符合自然生态的发展作为评判美丑的标准。这样的生态审美观既是对传统审美观的一种超越，也是对人类审美本原意识的一种回归。

5.2 发展生态产业

生态产业是生态文明建设的物质基础。所谓生态产业，就是在经济和环境协调发展的指导思想下，按照生态学原理、市场经济理论和系统工程方法，运用现代科学技术形成生态上和经济上的两个良性循环，实现经济、社会、资源环境协调发展的现代经济体系。

生态产业是包括生态工业、生态农业、生态旅游业、生态环保业等在内的一个生态产业系统。所谓生态工业就是以生态理论为指导，从生态系统的承载能力出发，模拟自然生态系统各个组成部分(生产者、消费者、还原者)的功能，充分利用不同企业、产业、项目或工业流程等之间，资源、主副产品或废弃物的横向耦合、纵向闭合、上下衔接、协同共生的相互关系，依据加环增值、增效或减耗和生产链延长增值原理，运用现代化的工业技术、信息技术和经济措施优化配置组合，建立一个物质和能量多层利用、良性循环且转化效率高、经济效益与生态效益双赢的工业链网结构，从而实现可持续发展的产业。生态工业的三个基本原则是减少资源的用量、循环使用资源、废弃资源重新利用。由于自然资源相对有限，因此工业生产中首先要解决的问题是提高生产效率，降低资源的使用量，减少浪费。生态工业的最高目标是使所有物质都能循环利用，而向环境中排放的污染物极小，甚至为零排放。

生态农业是在农业经济和农村环境协调发展原则的指引下，总结吸收各种农业生产方式的成功经验，运用现代科技成果和现代管理手段，在特定区域内所形成的经济效益、社会效益和生态效益相统一的农业。它的理念和宗旨是：在洁净的土地上，用洁净的生产方式生产洁净的食品，以提高人们的健康水平，协调经济发展与环境之间、资源利用与资源保护之间的生产关系，形成生态和经济的良性循环，实现农业的可持续发展。这种生态农业既继承了传统农业中资源可持续利用、有利于环境保护和"石油农业"、"机械农业"高产高效的特点，同时又摒弃了传统农业生产方式单一、生产力水平低下和"石油农业"、"机械农业"资源消耗量大、污染环境的缺点，是一种可避免环境退化、技术上适宜、经济上可行的现代农业发展的捷径，代表了未来农业经济发展的方向。

除此之外，还有生态旅游业和生态环保业。这些产业的一个基本特点就是以降耗、循环和再生为原则，以保护生态环境为前提，逐步提高可再生能源的利用比例，大力发展循环再生的经济，以实现经济社会的可持续发展。

5.3 倡导生态生活

所谓生态生活，是指与自然生态环境相协调且有益于人类身心健康的一种生活方式。工业文明为了发展市场经济，追逐经济利润，不断地鼓励和刺激人们的消费欲望，人为地制造了整个社会的过度消费、虚假消费和盲目消费，使得消费迷失了方向，偏离了正轨，以致出现了消费异化的现象。

这种消费方式以大量消耗自然资源为条件，以污染和破坏自然环境为代价，以追求豪华奢侈的生活为目的，完全是有违社会和人自身健康发展的一种错误的、扭曲的生活方式。但是，工业文明的本性及其发展逻辑却依靠这种消费方式来维持自己的生存。

生态生活是在批判和反思传统消费方式的基础上提出的一种新的消费方式和生活方式。这种生活方式提倡人们过一种简约、简单和简朴的生活，这种生活方式的一个基本原则就是有利于保护生态环境，有利于减少资源的消耗，有利于降低对自然的污染，合乎自然生态的规律。

生态文明建设是全社会的任务。我们每个社会成员必须行动起来，从我做起，从日常生活做起，摒弃过度消费，崇尚低碳生活，如此，生态文明建设才能真正落实到实处，收到实效。

5.4 构建生态体制

构建生态体制是建设生态文明的制度保障。没有一定的法律制度作保证，生态文明建设就会流于形式而难以取得成效。因此，把生态文明通过制度建设纳入法制化的轨道，是实现经济社会可持续发展的一项重要任务。

第一，必须发挥市场的杠杆作用，建立经济社会发展与生态环境改善相互促进的良性循环机制。要按照"谁开发谁保护、谁破坏谁恢复、谁受益谁补偿"的原则，强化资源有偿使用和污染者付费政策，综合运用价格、财税、金融、产业、贸易等经济手段，改变资源低价和环境无价的现状，形成科学合理的资源环境的补偿机制、投入机制、产权和使用权交易机制等，从根本上解决经济与环境、发展与保护的矛盾。

第二，必须完善规划，加强监管，建立并落实节约资源、保护环境的目标责任制和行政问责制。将节约资源和保护环境作为编制实施各级国民经济和社会发展规划及各行业发展规划的重要原则。

第三，必须加强立法，严格执法，推动节约资源和保护环境走上法治化轨道。要根据建设资源节约型、环境友好型社会的新情况、新要求，及时制定新的法律，抓紧修订原有法律，并建立科学、合理、有效的执法机制。

第6章 "天人合一"的至圣之境

"天人合一"是中国传统文化的一个根本命题,中国传统智慧的一切优长和局限都可以在"天人合一"这一思想中找到它的根源和出处。在当代条件下,对"天人合一"的思想进行重新审视和诠释,对于我们搞好企业文化建设特别是企业生态观的构建,具有十分重要的现实价值。

6.1 "天人合一"的本质内涵

在中国传统哲学中,"天人合一"的思想十分丰富和复杂,呈现出多元、多维和多样的特性。其中,儒家的"天人合一"思想在整个封建社会始终占据主导地位,对人们的思想产生了深刻而持久的影响。要对"天人合一"的思想进行现代诠释,首先必须对其本质内涵进行一番梳理和审察。

对于"天人"关系,不同的思想家有不同的看法,可谓众说纷纭,歧义最多。但是,几乎所有的哲学家在"天人"的相通和相合这一基本点上,都达成了共识。下面,让我们对何谓"天"、何谓"人"、何谓"天人合一"做一大致的梳理。

(1)何谓"天"

对于"天"的界定,中国古代思想家有多种说法。归纳起来,大致有如下三种含义:

第一,神圣之"天"。根据这种观点,"天"是宇宙世界最为神圣的、支配一切的主体和主宰。这种观点恐怕在人类的原始社会就已产生。由于生产力的极端落后,当原始人面对强大的自然压迫的时候,他们倾向于把茫茫无际而又神秘莫测的宇宙天空看作是主宰一切事物的神灵的居住之所。进入文明社会之后,这种思想被统治者赋予"天帝"或"帝"的名称,并将其抬高到至上神的地位。在商代的卜辞中,天帝拥有最大的权威,是管理自然和人间的主宰。他的威力能令雨、令风、令济、降祸、降潦、降食、降若、授佑、降咎、授予土地等。到了周代,"天帝"、"帝"被统称为"天",其作为天地万物之主宰的地位并没有改变。周代最著名的政治家和思想家、周代第一位周公叔旦进一步论证了天有赏善罚恶的功能,所谓"天命靡常"①,"唯德是辅"②,"天惟时求民主"③,"民之所欲,天必从之"④,"非我小国敢弋殷命,惟天不畀允罔固乱"⑤。周公的这些言论显然是用"天命论"为周代殷做理论上的论证。后来,儒家的创始人孔子以及之后的孟子虽然赋予了"天"以更多的道德理性的特征,但仍然保留了其作为宇宙主宰的地位。孔子曾说:"获罪于天,无所祷也。"⑥孟子也曾说道:"天将降大任于是人也,必先苦其心志,劳其筋骨,饿其体肤,空乏其身,行弗乱其所为,所以动心忍性,曾益其所不能。"⑦把"天"奉为最神圣的人格的代表是汉代的董仲舒,他把"天"明确定义为一种凌驾于万物之上的人格神,在他看来,"天"就是至大的"人","人"就是至小的"天",所以,天人是相类的。通过人可以想象"天"的至高、至上的人格,而至高、至上的"天"又通过人的形象和行为显现出来。在董仲舒看来,人是"天"创造的,"天"创造人就是为了实现他自身的意志。如果人违反了"天"的意志,就必然引起"天"的震怒,出现各种灾疫以示惩罚;如果地上的统治者违背了"天"的意志,不行仁义,"天"就会降下各种灾害,进行谴告。"天地之物,有不常之变者,谓之异。小者谓之灾。灾常先至,而异乃随之。灾者,天之谴也;异者,天之威也。谴之而不知,乃畏之以威。……凡灾异之本,尽生于国家之失。国家之失,乃始萌芽,而天出灾异害以谴告之。谴告之而不知变,乃见怪异以惊骇之。惊骇之尚不知畏恐,其殃咎乃至。"⑧董仲舒还公开

---

① 《诗经·大雅·文王》。
② 《尚书·周书·蔡仲之命》。
③ 《尚书·周书·多方》。
④ 《尚书·周书·泰誓上》。
⑤ 《尚书·周书·多士》。
⑥ 《论语·八佾第三》。
⑦ 《孟子·告子下》。
⑧ 《春秋繁露·必仁且知》。

指明，"天者百神之君也，王者之所最尊也"①，"天者，百神之大君也。事天不备，虽百神犹无益也"②。他认为，这一至高无上的"天"是有意志的，即"天志"和"天意"。他说："春，爱志也；夏，乐志也；秋，严志也；冬，哀志也。故爱而有严，乐而有哀，四时之则也。"③总之，董仲舒认为，一切自然现象和社会现象都是"天志"和"天意"的表现。董仲舒的这种赤裸裸的天神论和天人感应说，在后来儒家思想的发展中逐渐被扬弃了，但是，"天"的至高无上的神圣性却在一定程度上被保存了下来，在宋明理学之中，我们仍可以看到这种神圣之天的影子。

如何看待中国传统文化中这种神圣之天的思想呢？无疑，这种思想渗透了许多粗陋的、迷信落后的思想，这些思想和现代科学显然是对立的，但同时有一种现象却值得我们思考：中华民族不是一个宗教的民族，但它为何并不缺乏宗教信仰呢？其根本原因恐怕就在于头顶上的这块天在中国人心目中所具有的至高无上的地位。"天"成为中国人寄托其终极信仰的精神家园和皈依之地。它的作用类似于西方基督教的上帝，但是，它又不像西方宗教中的至上神那样具有明确的排他性，而是用它本身所具有的广袤性来包容一切。正是由于"天"在中华民族的精神世界中占有如此庄严和神圣的地位，所以，历代的儒者在用理性改造"天"的同时并不否定"天"的神圣性。

第二，自然之"天"。持这种观点的哲学家主要是老子和荀子。老子提出了"天道"、"自然无为"的思想，他把"道"看成是万物的总根源和总规律，天地万物都受"道"的支配，而不是相反。他认为"道"是"象帝之先"，即是说"道"产生于天帝之先，世界万物的产生变化是由"道"决定的，而不是由意志和天帝决定的。他在谈到人、地、天、道、自然的关系时，曾说道："人法地，地法天，天法道，道法自然。"④

---

① 《春秋繁露·郊义》。
② 《春秋繁露·郊语》。
③ 《春秋繁露·天变在人》。
④ 《道德经·第二十五章》。

可见，老子认为"道"是凌驾于天之上的。但"道"也不是神秘莫测的，而是一种自然规律。荀子则更明确地把天看作是一种不以人的意志为转移的自然规律，他指出："天行有常，不为尧存，不为桀亡。应之以治则吉，应之以乱则凶。"①他还批判了那种赏善罚恶、治乱在天的迷信思想："治乱天邪？曰：日月、星辰、瑞历，是禹、桀之所同也；禹以治，桀以乱，治乱非天也。"②他还指出："星队木鸣，国人皆恐。曰：是何也？曰：无何也。是天地之变，阴阳之化，物之罕至者也。怪之，可也；而畏之，非也。夫日月之有蚀，风雨之不时，怪星之党见，是无世而不常有之。上明而政平，则是虽并世起，无伤也。上暗而政险，则是虽无一至者，无益也。"③老子和荀子的这种自然之天的思想，意在把"天"归结为自然物质形态及其运行规律，具有唯物主义的色彩，这对于把人从"天"的主宰下解放出来，具有一定的积极意义，这种合理性实质上也被历代的儒家所吸收了。实际上，在孔子那里，"天"同时也具有自然之天的含义。他曾说道："天何言哉？四时行焉，百物生焉。天何言哉？"④在宋代理学家那里，所谓"天即理，理即天"，也在一定意义上把"天"归结为自然和社会的发展规律。不过，老子和荀子的自然之天的思想，在中国古代天人关系的传承中始终未能占据主导地位，其根本原因恐怕在于它们在宣扬唯物主义的自然之天思想时，也消解了"天"在人们心目中至高无上的神圣性，因而难以在全社会得到广泛的流行。

第三，义理之"天"。所谓义理之"天"，就是指"天"是有理性和道德的。在周代以前，"天"作为至上神，虽然具有神圣不可冒犯的地位，但君主也可通过祖宗神与天帝沟通；然而天帝又是神秘莫测、非人力所能把握的，这样，"天"与人之间就无法进行正常的沟通。周代殷之后，周代统治者为了论证其"革命"的正当性，就提出了义理之"天"的说法。根据这种观点，上天是理性和道德的化身，不仅对民间具有

---

① 《荀子·天论》。
② 《荀子·天论》。
③ 《荀子·天论》。
④ 《论语·阳货第十七》。

赏善罚恶的功能，而且还根据君主的表现决定赋予天命或者转移天命。商纣王由于暴虐无道，所以就被上天夺走了天命；周文王由于有德爱民，故被上天赋予天命。如此，上天的德性就和君主的德性连为一体，而君主的德性所反映的即是人民的意愿，因此，归根结底，天的意志就是人民的意志，人民的意志就是天的意志，君主要想获得上天的庇佑、永葆天命，就必须爱民、惠民，以人民群众的意愿为意愿，这就是"天视自我民视，天听自我民听"[1]的本质含义。通过周代统治者的这一番诠释，原来不可捉摸的、非理性的天帝就摇身变为有理性、有道德的至高无上的代表。对"天"的这种改造是至关重要的。首先，它赋予了"天"以绝对理性的本质，从而使"天"成为真善美的化身，也因此成为人民稳定而可靠的信仰对象。其次，它在民间与"天"之间架设起一条可以沟通的桥梁。原先，即使是君主也无法直接与上天打交道，广大的民众更是被排斥在上天的视野之外。当"天"被赋予了义理的含义之后，不仅是君主，而且广大的民众也可以通过自身的德性直接与上天沟通。因为上天作为善的绝对代表，会随时随地关注人们的道德行为，并相应地给予奖惩。最后，它通过宗教的形式，充分肯定了广大民众意愿的合理性。实质上，根据义理之"天"的含义，上天是没有特殊意志的，它的意志就是人民群众的意志，也就是说，上天是根据君主和各级统治者对人民群众的态度来施行赏善罚恶的。

义理之"天"和上述的神圣之"天"、自然之"天"不是截然分开的。在"天"的身上，这几种属性是相互渗透和相互贯通的。"天"的神圣性并不违背其义理性和自然性，而义理性和自然性也并不否定它的神圣性。即是说，上天既是神圣和凌驾于一切之上的，但对于广大的民众来说，它又是十分亲近和友好的，因为它是人民群众意志的代表；同时，上天还是自然无为的，它并不随意干预社会事务和自然界的发展。因此，神圣性、义理性和自然性这三种属性在上天身上得到了和谐的统一。在整个漫长的封建社会中，以儒家为主导的传统文化就是以这种天人观作为自己的理论基础；千百年

---

[1] 《尚书·周书·泰誓中》。

来，人民群众就是一直以这样的天命观作为自己的信仰，这成为中华民族传统文化的一个最重要的基本特性。

(2)何谓"人"

在中国传统文化中，对"人"的诠释也是多样的。不同的哲学家提出了不同的观点，概括起来大致有如下三种：

第一，自然之"人"。根据这种观点，人与其他事物一样，皆为阴阳造化之物、天地交合所生。《周易·系辞传下》中有"天地氤氲，万物化醇；男女构精，万物化生"，这就是说，宇宙万物包括人自身在内，都不过是天地、男女这样的阴阳对立物交合的结果，是一个纯粹自然的过程。老子提出"道法自然"的思想，认为宇宙万物包括人乃至天地都是"道"所派生的，而"道"又不过是阴阳二气的交互作用而已。汉代著名的唯物主义者和无神论思想家王充认为，"天地合气，万物自生，犹夫妇合气，子自生矣"①。这一思想和《周易》的思想是完全一致的，更加说明了天地万物包括人自身在内都是元气聚合的产物。王充作为唯物主义者，用物质之气解释生物的变化乃至人的生死。他说，万物"因气而生，种类相产"②，但由于禀受元气的厚薄精粗不同，因而呈现出多样性的特征，如"能飞升之物，生有毛羽之兆；能驰走之物，生有蹄足之形"③。这都是因为"禀性受气"不同，因而产生了形体上的差别，而人作为万物之长，不过是由更为精细的元气构成而已。把人看成是阴阳二气交互作用的产物，这种观点在中国传统文化中占据着主导地位。在中国传统文化中，尽管对人的善恶本质属性的看法有着这样那样的不同，但在人的起源问题上，把人看成由天地阴阳化生这一点，却是共通的。

第二，理性之"人"。在对人的本质的看法上，中国的大多数哲学家和思想家都把人归为理性人，尤其是儒家。儒家主张"性善说"，对此，孟子作了具体的论证。他认为人本性善，即是说，人的善良本性是先天具有的，并非后天外加

---

① 《论衡·自然》。
② 《论衡·物势》。
③ 《论衡·道虚》。

的。"恻隐之心,人皆有之;羞恶之心,人皆有之;恭敬之心,人皆有之;是非之心,人皆有之。恻隐之心,仁也;羞恶之心,义也;恭敬之心,礼也;是非之心,智也。仁义礼智非由外铄我也,我固有之也,弗思耳矣。"①孟子把仁、义、礼、智看成人们天性中本来就具有的美德,与生俱来,像人生来就有四肢一样,人人都是相同的。有人之所以不能成为善人,不是因为他和善人在人性本质上有区别,而是因为他不去努力培养和扩充它。荀子主张"性恶论",认为人本性恶,"其善者伪也"②,即是说,人一生下来,其本性就是邪恶的,但通过后天的加工改造,人可以转恶为善,成为一个有理性、有道德的人。他说"尧舜之于桀跖,其性一也;君子之于小人,其性一也"③,即认为君子与小人的本性原来都是恶的,后来之所以有了贤与不肖的区别,是因为后天的环境和经验对他们施加了不同的影响。这里的关键是,必须对人性进行正面的引导和良好的教育,使其向"善"的方面转化,由此,荀子又提出了"化性起伪"的命题。有人认为,荀子的性恶论是把人归为一种自然的、非理性的人,这种观点是一种误解。荀子的性恶论确实看到了人性中本能的、非理性的成分,但他并没有把人的本质归结为非理性主义。在他看来,人的自然的本能状态是动物性以及非理性的,但这并不符合人的本质;真正的人的本质,必须通过对人的这种自然的本能状态进行改造,使之符合社会道德的规范而体现出来。人和动物的不同之处在于,人能够接受社会教育并通过这种教育改变自身的动物状态,使之"化性起伪",转恶为善,成为一个符合社会礼义和要求的人,所以,荀子得出了"人人皆可为尧舜"的命题。

明确地把人归为理性之人的,是宋明理学。理学家把"理"看成万事万物的总根源,天地万物都是"理"的体现,人性亦如是。程颐、程颢说过:"性即是理。理,则自尧、舜至于途人一也。才禀于气,气有清浊,禀其清者为贤,禀

---

① 《孟子·告子上》。
② 《荀子·性恶》。
③ 《荀子·性恶》。

其浊者为愚。"①就是说，人性就是理的表现，无论是圣人还是一般的民众，其人性的起源是一致的，但其所禀受的气却有清浊之不同，圣人所禀受的气为清，愚钝的人所禀受的气为浊。正是从这种"性即是理"的观点出发，二程充分肯定了孟子的性善说："孟子言人性善，是也"；"虽荀、扬亦不知性也。孟子所以独出诸儒者，以能明性也。性无不善，而有不善者，才也"②。后来，朱熹又进一步发挥了二程的人性论观点。他认为，人性由天地之性和气质之性构成，圣人也不例外，天地之性代表善，气质之性则渗透了善与恶两个方面，所以，无论是圣人还是一般的人，其身上既有善性，也有恶性。朱熹又把代表善方面的人性叫作"道心"，把代表善恶相混方面的人性叫作"人心"，圣人亦不能无"人心"，不过圣人不以"人心"为主，而是以"道心"为主；小人则相反。所以，他提出，人性修养的目的就是以"道心"统御"人心"，而使"道心"为一身之主。他说："必使道心常为一身之主，而人心每听命焉，则危者安、微者著，而动、静、云、为自无过、不及之差矣。"③

第三，"真人"和"至人"。"真人"和"至人"实际上是一种抽象的理想的人，它代表了人们对人性的一种终极追求。在儒家思想中，这种抽象人性的人格代表表现为圣人，但儒家心目中的圣人并不是无所不能的，在人性上也不是至善的，只是圣人的人格大大高于一般人的人格，因而，儒家心目中的圣人比较贴近生活，并非高不可攀、神秘莫测。在道家那里，这样的理想人格逐渐被推到了终极的状态。在老子的心目中，这样的理想人格被赋予了那种超凡脱俗、宠辱不惊的特性。他说："古之善为道者，微妙玄通，深不可识。夫唯不可识，故强为之容。豫兮若冬涉川；犹兮若畏四邻；俨兮其若客；涣兮其若凌释；敦兮其若朴；旷兮其若谷；混兮其若浊；澹兮其若海；飂兮若无止。孰能浊以静之徐清？孰能安以动之徐生？保此道者，不欲盈。夫唯不盈，故能蔽

---

① 《二程遗书》卷十八。
② 《二程遗书》卷十八。
③ 《中庸章句序》。

而新成。"①显然，这样的"人"是"微妙玄通，深不可识"的。在庄子那里，这样的理想人格又进一步被神化。庄子把他心目中的理想人格称为圣人、神人、至人、真人，他认为这种人已经达到了绝对自由的境界，能够无所依凭(即庄子所说的"无待")地"乘云气"、"骑日月"，遨游于"六合"之外，徜徉于"无何有之乡"，乃至达到"天地与我并生，而万物与我为一"②的至极之境。庄子还直接把这样的人称为"神人"，他说："至人神矣！大泽焚而不能热，河汉冱而不能寒，疾雷破山、飘风振海而不能惊。若然者，乘云气，骑日月，而游乎四海之外，死生无变于己，而况利害之端乎？"③庄子所提出的这种理想人格，虽然以艺术想象的方式表现了出来，但在哲学上却反映了人们对人性和人格的一种终极渴望和追求。因而，从哲学本体论的意义上来看，在人性问题上，只有庄子这种绝对超越的人性论才真正达到了纯粹的形而上学的本体高度。

(3)何谓"天人合一"

在中国传统文化中，"天人合一"的本质含义是天人相通。这里的"合一"，并不是合二为一，更不是等同。天与人本来是两个不同的对象，"天人合一"就是要在这两个不同的对象之间架设起一个联系的桥梁，使二者能够相互沟通。"天人合一"是相对于"天人相隔"而言的，"天人相隔"就是天人不能相通。周代以前，天与人就处在一种相互隔绝的状态。从周代开始，各家各派开始从不同的角度提出了"天人合一"的问题。虽然持说不一，但在主张天人相通的方面，其基本观点是大致相同的，区别只是在于使天人相通的方式不同而已。

儒家所提出的天人相通的方式是人的德性行为。无论是君主还是一般的民众，只要你的行为符合德性规范，不背离礼义道德，就自然会得到上天的眷顾；如果你的行为背离道德，祸害社会，那就会受到上天的惩罚。因而，人们完全可

---

① 《道德经·第十五章》。
② 《庄子·内篇·齐物论》。
③ 《庄子·内篇·齐物论》。

以通过德性修养而与上天沟通。因此，儒家的"天人合一"思想实质上就是"天人合德"。

道家所提出的天人相通的方式是人的遵"道"而行的行为。道家认为，天也是"道"的产物，并循"道"而动；人在本源上也是"道"的派生，人的行为也必须遵循"道"的准则。在道家看来，只要人的行为符合"道"的本性，人就能够与天地之道融为一体，从而达到"天人合一"的境地。

儒道之后，历代的学者包括宋明理学家，在"天人合一"的问题上，不过是循着上述两种基本观点加以发展和发挥而已。但是，在这两种观点中，儒家的思想始终占据主导地位，并且对中国人的社会生活发挥着重要的影响作用。

6.2 "天人合一"思想的当代意蕴

在对"人类中心主义"进行反思和超越的过程中，中国传统的"天人合一"思想可以给我们提供某种有益的启迪和借鉴，但在其本源的意义上，由于"天人合一"的思想渗透着一些神秘和唯心的成分，不能现成地为我们所利用，必须发掘其蕴涵的有益价值，并对其进行当代的诠释。

在如何评价"天人合一"的当代意义的问题上，理论界出现了两种截然相反的观点。有的学者认为，中国传统的"天人合一"思想是解救当代生态危机和环境污染困境的一剂良方，是补救西方"人类中心主义"之弊的有效的思想武器。根据这种观点，当我们面对人与自然关系的异化状态时，我们完全可以从中国传统文化中找到解决一切问题的方法，尽管我们可能还要对这些方法做某些现代的改良和改造。另外一种相反的观点认为，中国传统的"天人合一"思想是一种封建的、落后的意识形态，而且各家各派对"天人合一"思想的界定和解释纷繁复杂，甚至相互矛盾，因此，这样一种落后于时代的思想观念是不可能解决当代的环境问题的。我们认为，这两种观点都有偏颇之处，其分析问题的方法都是简单和专断的，它们或夸大、或贬低了中国传统文化的价值，并不符合其本来的面目。那么，我们应该如何客观和科学地评价"天人合一"思想在当代的意义和价值呢？

恩格斯曾经指出，任何新的思想，"必须首先从已有的思想材料出发，虽然它的根子深深扎在经济的事实中"①，而不是从天而降。同样，在如何处理好人与自然的关系上，特别是如何解决当代的环境和生态问题上，我们也不可能撇开中西思想史上有益的思想资源，而简单地从当代问题中提取现成的答案。中国传统的农业社会由于其历史十分漫长，在这一过程中逐渐孕育和发展出了一种人与自然互依共存的世界观、人生观和价值观。在农业社会的生产和生活中，人们主要依靠土地来获取生活资料，而土地对于农作物的种植和生长来说，又依靠充足的阳光和水分这些自然条件。因此，对于处在农业社会的农民来说，主要是靠天吃饭的。正是在这种生产和生活中，人们自然而然地对天产生了一种依赖和崇敬的心理，中国传统的"天人合一"思想就是在这种思想土壤中产生出来的。

然而，中国传统的"天人合一"思想并没有停留在农民朴素的心理意识的层面，而是经过历代思想家和哲学家的加工和改造，已经升华为一种理论化和系统化的世界观和价值观。在这种世界观和价值观中，蕴涵了十分有价值的思想观念。对于这些思想观念，只要我们对其进行现代的改造，开掘其现代的意蕴，是完全能够使之为我们所用的。

首先，关于"天地人和"的思想。儒家把天、地、人称为"三才"，认为"三才"之间既相互区别、相互对立，又相互依存、相互统一。《中庸》指出："唯天下至诚，为能尽其性；能尽其性，则能尽人之性；能尽人之性，则能尽物之性；能尽物之性，则可以赞天地之化育；可以赞天地之化育，则可以与天地参矣。"这里提出了一条"至诚—尽性—尽物—赞天地之化育—与天地参"的天、地、人相通相和的路线。这条路线不仅把天、地、人三者有机地联系起来，而且通过这种联系使之形成了一个活的有机系统。在这个有机系统中，"人"和"地"都是其子系统，作为子系统的"人"和"地"，又各自有其相对的独立性，但是，它们必须服从更高层次的"天"这个大的系统。因此，就天、地、人三者的关系来看，一方面，"人"要服从"地"和"天"，"人"和"地"都要

---

① 《马克思恩格斯选集》第3卷，人民出版社1995年版，第355页。

服从"天"，它们的关系不是平列的，其中"天"处于最高的位置；但另一方面，"人"又不是消极被动的客体，它能通过"至诚"、"尽性"这些主观能动性的发挥，达到"赞天地之化育"、"与天地参"的境界，即达到与"天"、"地"比肩而立并和谐统一的状态。

对于《中庸》的这种思想，孟子作了更为明确和简洁的阐释。他指出："尽其心者，知其性也。知其性，则知天矣。存其心，养其性，所以事天也。"① 这里，孟子提出了"尽心—知性—知天"或"存心—养性—事天"的人天沟通路径。在这一天人相通的关系中，从一方面看，人是能动的主体，是这种关系的发动者和维系者，正是由于人的"尽心"、"存心"的努力，才打开了"知天"、"事天"的通途；但是，从另一方面来看，"天"又是最高的主宰，它统率着包括人在内的一切万物，因而在这个意义上，"天"才是真正的终极的能动者。由此可见，无论是在《中庸》所描述的天、地、人的有机系统中，还是在孟子所反映的天人相通的关系中，都没有一个绝对排他的"主体"。天、地、人在其所构成的有机系统中，都能成为积极的主体，同时也都是被其他主体所作用的客体。然而，它们的关系又不是平面的和平列的，其中"天"在其终极的意义上才是最高的"主体"。儒家向我们所呈现的天、地、人"三才"相互作用、相互依存而又共生共存于"天"这个最高的系统的思想，是一幅何等绝妙和生动的辩证图景，即使用现代辩证法和现代系统论的观点来看，这种深刻的辩证法思想也令今天的人惊讶不已。甚至可以说，它把对立统一辩证法和系统辩证法以辩证的形式结合起来了，因此，尽管它以朴素的形式存在，但在一定的程度上也以更高的形式超越了这两种形态的辩证法。我们可以通过对它深层内涵的发掘，把它的这些有价值的思想通过一番加工改造和重新诠释，剔除掉神秘的和唯心的成分，赋予其新的意义，从而使之上升到现代的科学的形态。

其次，关于"天道"和"人道"相统一的思想。在中国传统文化中，所谓"天道"，是指整个宇宙世界的发展之"道"，

---

① 《孟子·尽心上》。

即整个宇宙世界的发展规律。所谓"人道",从根本上讲,它有两层含义:一是指人的行为之"道";一是指人类社会的发展之"道"。无论是道家还是儒家,都一致认为,"天道"、"人道"都服从一个最高的和统一的"道"。由于人归根结底是宇宙自然界的产物,并且无时不依赖于自然界,所以,"天道"实际上就是最高的"道";因此,"人道"隶属于并服从于"天道",在"天道"的基础上使二者统一起来。这种观点听起来非常抽象,却包含了极有价值的思想,它以朴素的形式告诉我们,无论是人自身的活动,还是整个社会的发展,都必须遵循一个统一的宇宙世界的发展之"道";整个自然界与人类及人类社会不是相互隔绝的,而是一个有机的整体,它们通过宇宙大"道"紧密地联系在一起。

然而,在西方,自然界和人类社会长期以来一直处在一种相互割裂的状态。直到19世纪初,西方大多数思想家和哲学家还只承认自然界有其客观规律,而不承认人类社会有其客观规律。马克思、恩格斯都曾批评过以往的"旧唯物主义者",认为他们都只是"半截子唯物主义",即下半截是唯物主义的,而上半截却是唯心主义的。即是说,他们的自然观是唯物主义的,而社会历史观却是唯心主义的。这种历史性的缺陷,即使在辩证法大师黑格尔那里也在所难免。黑格尔虽然承认人类历史是一个合理的、必然的过程,但他把这合理性和必然性归结于一种神秘的"世界精神"和"民族精神"的支配,而看不到它是一个自然的、历史的过程。只有马克思、恩格斯所创立的辩证唯物主义和历史唯物主义,才揭示了包括自然界、人类社会和人类思维在内的统一的辩证规律,从而最终把被割裂的自然界和人类社会重新统一起来。

但是,随着科技的不断发展和人的主体力量的日益增强,"人类中心主义"在西方逐渐占据了主导地位。这种观念实质上是以改装了的新的形式,重新把人类社会与自然界分隔开来,把人看作是一种绝对的主体而凌驾于自然界之上,而自然界则成了一个被任意掠夺和践踏的被动消极的对象。当人类面临严峻的生态危机和环境污染的困境时,这种"人类中心主义"受到了人们的普遍怀疑和责难。正是在这样的历史条件下，中国传统的"天人合一"观所蕴涵的"天道"和"人道"相统一的思想，给了正在苦苦探索的人们以深刻的启迪。它至少在这样两个方面提醒人们：其一，无论是人类社会还是自然界，都要遵循宇宙世界所具有的普遍的发展规律，只是二者在遵循规律的方式上有所不同。自然界是以自在的和自发的形式接受着自然规律的制约作用，而在人类社会中，这种规律则通过人的有意识的活动曲折地表现出来。其二，人类社会和自然界又分属于两个不同的领域，它们各自有其特殊的运行规律，把二者不加区分地等同起来，也是简单化的。中国传统文化中关于"天道"和"人道"相统一的思想，更多地强调了二者统一的方面，对二者之间的差别却研究得不够。而且，总的来说，上述有价值的思想还蕴涵在朴素的抽象思辨之中，因此，只有经过一番清理和改造，才能为我们所用。

现实反思篇

当历史进入 21 世纪之时，人们充满欣喜之情，因为在历史的长河中，人类终于走完了比以往任何世纪都要复杂和辉煌的 100 年。人类有一个基本的心理特征，那就是希望明天会更美好。但现代世界显然不是一个可以让人长期沉浸于美好幻想的乐园，在现代社会，人类身处生态困境，已无处可逃。人们已然明白，自身遭遇的各种自然灾害中，有很大一部分是自己种下的苦果。人似乎也失去了安静的权利，各种光线交错，各种声音迭起，容不得人静坐独思。所以，人类进入 21 世纪的欣喜之情注定是短暂的，几乎还来不及品味，就已经被越来越严重的老问题无情打破。这些老问题归结为一点，就是人类生存境遇的恶化。

第7章 难以承受之重

环境的持续破坏，给人类的生活造成了难以估计的不良影响，成为人类的难以承受之重，具体表现在生存环境的恶化和身心关系的失衡两个方面。

7.1 人类生存环境的恶化

人类生存境遇的恶化，最直观的表现就是生存环境的恶化。1972年6月，在瑞典首都斯德哥尔摩召开了联合国人类环境会议，正如该会报告《只有一个地球》中曾提到的那样："从某种意义上说，地球不是我们从父辈那里继承来的，而是从子孙后代那里借用的。"实际上，人类对环境的破坏速度已大大超出了人类自己的预料，全球气候变暖、臭氧层破坏、大气污染和酸雨蔓延、森林锐减、土地荒漠化等方面一连串令人触目惊心的数字，都表明了人类对这颗美丽星球的无情伤害。

7.1.1 全球变暖、城市"热岛"和家园的湮灭

科学家发现，亿万年以来，在地面上空10~15公里的大气平流层中形成并存在的臭氧层将太阳紫外线辐射的90%以上吸收掉了，地球上的生命也因此免遭紫外线的强烈辐射。所以有人称，臭氧层和水一样是地球生命存在的必要条件。但近两百年来，随着人口的急剧膨胀和城市的不断扩张，二氧化碳的浓度增加了25%，今后50年还要增加30%。在1984年，英国的科学家偶然发现，南极上空出现了一个臭氧层"空洞"，这个"空洞"的面积相当于美国大陆，并且面积在逐年扩大。二氧化碳、甲烷等气体的不断排放和臭氧层的破坏，直接导致地面温度升高。世界卫生组织预测，人类如果再不采取措施，到2030年，地球上的平均气温可增加4.5℃，而过去一万年里，地球的平均气温才增加了2℃。地球变暖造成两极冰川融化，海平面上升，沿海地区和一些岛

屿将被淹没。

在现代社会，人们在享受便捷、繁华的城市生活的同时，有一个共同的感受，即城市正变得越来越热。城市越大越繁华，就显得越"温暖"，城市似乎正逐渐告别冬天，犹如一座温暖的岛屿，在夏季人们要么承受炎热的痛苦，要么逃离城市。造成城市"热岛"效应的原因，毫无疑问在于城市人口集中并不断增多，由于工业的发达，居民生活、工业生产和汽车等交通工具每天要消耗大量的煤、石油、天然气等燃料，释放出大量的热量。据统计，城市的温度比其近郊要高得多，我国最大的城市"热岛"北京，其市区温度比郊区温度高出 9.6℃，上海市区与其郊区的最大温差也达 6.8℃。人们不禁发出这样的疑问：自己所向往的并亲手锻造的城市，怎么最后必须要逃离它？

如果城市"热岛"只是使人们感觉到不舒服的话，那么家园的湮灭则使人们直接感到切肤的生存危机。正如联合国秘书长潘基文所说："虽然全球变暖影响到我们所有人，但对我们所有人产生的影响是不同的。富国有资源，有专门技能，可以适应。瑞士滑雪山庄或许有一天会无雪……但是其山谷很有可能成为'新托斯卡纳'，成为阳光普照的葡萄园。而对已经遭遇荒漠化的非洲而言，对担心被海浪淹没的印度尼西亚而言，换来的将是什么？则是高深莫测，充满危险。"[①]据英国媒体报道，由于受到气候变化的影响，图瓦卢、马尔代夫、基里巴斯、坦桑尼亚等 11 个国家即将被淹没，对这些国家的国民来说，他们丧失的是生存的家园，这是最为重大的危机和生存悲剧。

7.1.2 物种迅速灭绝

生物多样性为我们提供了食物纤维、木材、药材及多种工业原料，特别是食物，是无法用化学合成产品替代的。生物多样性还提供了保持土壤肥力、保证水质以及调节气候等方面的"服务功能"。由此可见，保护生物多样性，包括保护

[①] 转引自张海滨：《环境与国际关系——全球环境问题的理性思考》，上海人民出版社 2008 年版，第 33 页。

濒危物种，对人类后代以及科学事业都具有重大的战略意义。但由于人类的自大，地球上陪伴人类的生物越来越少。遗憾的是，人类似乎还没有完全意识到问题的严重性，以为离开了其他物种，人类一样可以生存。人类这一个物种正在威胁着地球1000万其他物种的生存。

有科学家估计，如果没有人类的干扰，在过去的2亿年中，平均大约每100年有90种脊椎动物灭绝，每27年有一种高等植物灭绝。但是因为人类的干扰，鸟类和哺乳类动物灭绝的速度提高了100~1000倍。曾经生活在地球上的冰岛大海雀、北美旅鸽、南非斑驴、澳洲袋狼、直隶猕猴、高鼻羚羊、台湾云豹、麋鹿等物种已不复存在。《自然》杂志称，50年后，100多万种陆地生物将从地球上消失，平均每小时就有一个物种灭绝。美国杜克大学著名生物学家斯图亚特·皮姆认为，如果物种以这样的速度减少下去，到2050年，目前物种的1/4到一半将会灭绝或濒临灭绝，并且在将要灭绝的物种中，有1/10的物种的灭绝将是不可逆转的。

生物学认为，在一个生态系统里，每一个物种都有它的特殊功能，每灭绝一个物种，就有几个甚至几十个物种的生存受到影响。越来越多的证据表明，随着生物多样性的消失，自然和人工的生态系统的功能也在发生变化。因此，大量物种的灭绝必然会对人类造成影响，并最终威胁到人类自身的生存。

7.1.3 世界水资源严重不足

水是生命之源，是构成生物机体的重要物质。人体的所有组织都含有水，如血液的含水量为90%，肌肉的含水量为70%，坚硬的骨骼中也含有22%的水分，水对人类生存的重要性仅次于氧气，如果没有水，任何生命过程都无法进行。同时，在人类的发源史和文明史上，我们也可以看到水对民族形成和文明发展的重要性，人类和人类文明往往诞生于有河有水之地。但随着世界人口的急剧增长、用水量的不断增加、水污染的日益严重，人类的生命之源正遭受严重的破坏。

英国《卫报》2005年3月31日消息称，来自世界95个国家的1360名科学家，其中不乏某些领域的世界顶尖级科学家，联合发布了一份报告，向所有地球人发出了赤裸裸的警告：由于人类的过度消费，世界2/3的自然资源已经被破坏殆尽！这份报告刊登在英国皇家学会的期刊上。报告称，近40年来，人类从河湖中汲取的水量比过去翻了一番，人类现今消耗的地表水约占所有可利用淡水总和的40%～50%。更为严重的是，在地球上，人类几乎再也找不到一条未被污染的河流，甚至在某些国家和地区，水逐渐由滋养生命之源变为伤害生命之物。一方面，人类面临无水可用的局面，目前世界上60%的地区面临供水不足；另一方面，人类又面临有水不能用的局面，目前世界上已有20%的人口难以得到清洁水，50%的人口无法得到卫生用水。前者直接导致人类的生存问题，甚至有些国家和地区为了水资源而展开激烈争夺，存在潜在的战争风险；而后者则直接造成人类疾病的频发，导致不满情绪的滋长。联合国一项研究报告指出：全球现有12亿人面临中度到高度缺水的压力，80个国家水源不足，20亿人的饮水得不到保证。预计到2025年，形势将会进一步恶化，缺水人口数量将达到28亿～33亿。世界银行的官员预测，在未来的5年内，"水将像石油一样在全世界运转"。中国是一个严重缺水的国家，目前人均水资源只有2200立方米，仅为世界平均水平的1/4、美国的1/5，在世界上名列第121位，是全球13个人均水资源最贫乏的国家之一。更为严重的是，中国的供水不足问题越来越严重，到20世纪末，全国600多个城市中，已有400多个城市存在供水不足问题，其中缺水情况比较严重的城市达110个，全国城市缺水总量为60亿立方米。其中北京市的人均占有水量为全世界人均占有水量的1/13，连一些干旱的阿拉伯国家都不如。北京已成为全球最缺水的特大城市。中国最缺水的是甘肃省定西县，全年降雨量只有250毫米左右，而蒸发量却高达2500毫米以上，这里的人一辈子洗三次澡，甚至流下的眼泪都要张嘴喝掉。

　　水的重要性以及水资源问题的严重性，要求人类必须珍惜每一滴水，特别是要采取措施保护好水资源。我们不要让地球上的最后一滴水变成人类的眼泪。

7.1.4 大气污染日益严重

大气是由一定比例的氮气、氧气、二氧化碳、水蒸气和固体杂质微粒组成的混合物。在标准状态下，氮气占78.08%，氧气占20.94%，稀有气体占0.93%，二氧化碳占0.03%，而其他气体及杂质占0.02%。人类生活于空气之中，空气对于人类的重要性，正如水对于鱼类的重要性，鱼一刻也离不开水，而人类一刻也离不开空气。

工业文明和城市发展，在为人类创造巨大财富的同时，也把数十亿吨的浓烟、粉尘、臭气、酸雾等废气和废物排入大气之中，人类赖以生存的大气圈成了空中垃圾库和毒气库。世界卫生组织和联合国环境组织发表的一份报告中指出，空气污染已成为全世界城市居民生活中一个无法逃避的现实。科学家发现，至少有100种大气污染物对环境产生危害，其中对人体健康危害较大的有二氧化硫、氮氧化合物、一氧化碳、氟氢烃等。大气污染物严重危害人的呼吸系统，如气管、肺等。造成大气污染的途径主要是工业生产与交通工具排放的废气和尘埃，工业生产排放出的尘埃颗粒物还吸附了许多有毒有害的物质。大气污染物在空气中积累，导致空气质量下降，直接危害人类健康。人类如果生活在污染十分严重的空气里，就会在几分钟内全部死亡。大气污染还会使全球气候变暖，臭氧层遭到破坏；其污染物随风飘散，也会影响农业、林业和畜牧业的发展。大气污染给世界造成的损失已经十分严重。欧洲环境局2011年发布报告称，空气污染导致人们在修复环境与治疗疾病上的花费超过1000亿欧元，空气污染导致的人们在治疗呼吸和心血管疾病上的开销为1020亿~1690亿欧元，即每个公民平均支出200~300欧元。

资料链接

几种大气污染物对人体的影响

名　称	对人体的影响
二氧化硫	视程减少，流泪，眼睛有炎症；闻到异味，胸闷，呼吸道有炎症，呼吸困难，肺水肿，迅速窒息而死

续表

名　称	对人体的影响
硫化氢	闻到恶臭,恶心呕吐;人体呼吸、血液循环、内分泌、消化和神经系统受到不良影响,昏迷,中毒死亡
氮氧化物	闻到异味,支气管炎、气管炎、肺水肿、肺气肿,呼吸困难直至死亡
粉尘	眼睛不适,视程减少;慢性气管炎、幼儿气喘病和尘肺病;死亡率增加,能见度降低,交通事故增多
光化学烟雾	眼睛红痛,视力减弱;头疼、胸痛、全身疼痛,麻痹,肺水肿,情况严重者在1小时内死亡
碳氢化合物	皮肤和肝脏受损,致癌死亡
一氧化碳	头晕、头疼、贫血,心肌损伤,中枢神经麻痹,呼吸困难,情况严重者在1小时内死亡
氟和氟化氢	眼睛、鼻腔和呼吸道受到强烈刺激,引起气管炎;肺水肿、氟骨症和斑釉齿
氯气和氯化氢	眼睛、上呼吸道受到刺激,严重时引起中毒性肺水肿
铅	神经衰弱,腹部不适,便秘、贫血,记忆力低下

震惊世界的几起大气污染事件

马格河谷事件:1930年12月1—5日,比利时马格河谷工业区因空气严重污染,致60余人死亡。

多诺拉事件:1948年10月26—31日,美国宾夕法尼亚州多诺拉镇,占全镇人口43%的居民(5911人)因小镇工厂排放的有毒气体而受害,11人死亡。

洛杉矶光化学烟雾事件:20世纪50年代初,美国洛杉矶市,65岁以上老人死亡400多人。

伦敦烟雾事件:1962年12月5—8日,英国伦敦市,4天内死亡人数比常年同期增加4000余人。

四日市哮喘事件:1961年,日本四日市,817人患哮喘病,10多人死亡。

博帕尔毒气泄漏事件:1984年12月3日,印度博帕尔市,2500多人直接死亡,20万人受到伤害,其中5万人双目失明。

7.1.5 沙尘暴的频发肆虐

沙尘暴，又称黑风暴，是发生在沙漠地区的一种自然现象。沙漠地区的大量流沙，是沙尘暴的沙源，春季的大风是沙尘暴的凭借力量。地球上最严重的一次沙尘暴于1934年5月12日发生在美国，这次沙尘暴掠过美国西部广阔的土地，将千顷农田的沃土卷起，并以每小时60~100千米的速度，咆哮着由西向东横扫了整个美国国土。这次连刮3天的沙尘暴，将美国西部的表土层平均刮走了5~13厘米，从而毁掉耕地4500多万亩，造成西部平原的水井、溪流干涸，农作物枯萎，牛羊大批死亡。

由于人类过度垦荒、过度放牧、乱砍滥伐，地表植被遭到严重破坏，大片土地成为裸地。随着荒漠化的不断加快，沙尘暴的范围也逐渐扩大，沙尘暴的强度也逐渐增加。中国的沙尘暴灾害有愈演愈烈之势。据专家统计，从1952年到1993年，我国西北地区发生沙尘暴的次数是：50年代5次，60年代8次，70年代13次，80年代14次。其年均次数呈逐年增多的趋势。1993年，中国西北地区发生了一次剧烈的黑风暴，之后，每年4—5日，甘肃河西走廊至少要发生一次沙尘暴，而在2000年，连续发生了8次。据权威专家分析，在10—20年内，面对人口越来越多、生态环境越来越恶化的现状，如果不采取得力措施，我国沙尘暴的频率、强度和危害程度还有进一步加剧的可能。据科学家计算，在一块草原上，刮走18厘米厚的表土，需要2000多年的时间；如果把草原开垦成农田，则只需49年；若是裸地，则只需18年。从沙尘暴的起因与发展来看，人为地破坏环境、破坏地表植被是沙尘暴最重要的起因。只有保护好植被，防止土地沙漠化，才能真正减少沙尘暴危害。

7.1.6 环境问题的全球性

环境问题不仅是某个国家或某个区域的问题，目前已经发展成全球性的问题了。从发达的欧洲和北美地区，到发展中的亚太地区，再到相对落后的非洲，人类似乎已经找不到一块净土。在这个地球上，人类已经无处可逃。全球当前的主要环境威胁是：非洲、西亚和亚太地区低收入国家的粮食供应没有保障和贫困；拉丁美洲和加勒比地区的生态退化和生物多样性丧失；东欧经济转型国家膨胀的能源需求；发达国家的温室气体及臭氧层破坏，跨国界污染传输，普遍的城市污染、土地退化，大量化学品的使用对人体健康的威胁，以及大量不可持续性的生产和消费方式。其中面临最大环境威胁的是亚太、非洲、拉丁美洲和西亚地区。

与此同时，一个地区发生环境问题，影响的范围往往会大大超过该地区。例如，酸雨随着大气的运动，能影响到很远的地区；国际性河流的上游被污染，将使其全流域遭受影响；废气、废水甚至固体废弃物都可以从一国转移到另一国。有些环境问题甚至影响着全人类的生存与发展。例如，亚马逊河流域热带雨林的破坏，会对全球的气候产生影响。环境问题的全球性已然表明问题的严重性和不可逃避性，它已经使每个人和每个国家再也无法置身事外。

7.2 人类身心关系的失衡

人类不光预支甚至破坏了许多属于子孙的资源，同时也正在因自己的行为而自食恶果，这就是全球性的污染业已严重到人类的生命、身体和精神都受到威胁和折磨的地步。全球每年有400万人死于急性呼吸系统疾病，死者大部分是儿童，其原因是烹饪时使用的石化燃料造成的室内空气污染和对环境造成的工业大气污染的忽视；因气候变化和生活变化，由昆虫传播病毒和病菌的疾病增加。例如，每年因疟疾而死亡的人数就高达100万~300万人，其中80%为儿童；因饮用被动物和人的排泄物污染的水而死亡的人数，比上述的死亡人数还要多；而因饮用被有毒化学物质污染的水而死亡的人数，更远远大于前者。可以认为，全球1/4的死亡和患病起因于环境污染，单以传染病患者为例，每年有1700万传染病患者死亡。每个生命都是来之不易和鲜活的，当人们直接面对生命受到摧残折磨而枯萎凋零的时候，人们必定会受到深刻的触动。

7.2.1 身体的病痛

在日本富山县，当地居民同在一条叫作神通川河的河里饮水,并用河水灌溉两岸的庄稼。后来日本三井金属矿业公司在该河上游修建了一座炼锌厂。炼锌厂排放的废水中含有大量的镉,整条河都被炼锌厂的含镉污水污染了。河水、稻米、鱼虾中富集大量的镉,然后又通过食物链,这些镉进入人体富集下来,使当地的人们得了一种奇怪的骨痛病(又称痛痛病)。镉进入人体,使人体骨骼中的钙大量流失,使病人骨质疏松、骨骼萎缩、关节疼痛。曾有一个患者,打了一个喷嚏,竟使全身多处发生骨折。另一患者最后全身骨折达73处,身长为此缩短了30厘米,病态十分凄惨。骨痛病在当地流行20多年,造成200多人死亡。

7.2.2 生命的消失

1984年12月3日深夜的印度博帕尔市,当人们在梦中沉睡的时候,一个恶魔悄然降临。一家由美国投资的农药厂的剧毒原料异氰酸甲酯突然泄漏,数十吨毒气以每小时5000米的速度向四周扩散。在40平方千米的范围内,波及11个居民区,20多万人受到伤害,其中2500多人死亡,5万余人终生失明。

1986年4月,前苏联切尔诺贝利核电站第4号机组按计划停机检查,由于工作人员多次违反操作规程,致使反应堆爆炸起火。2000℃的高温火球迅速烧毁了机房,高强度放射性物质四处蔓延,7000余人死于非命,受放射性物质伤害的人数难以统计。这次核事故使整个欧洲付出了沉重的代价,欧洲各国放射性尘埃的辐射强度增高,在瑞典增高达100倍,欧洲各邻国的蔬菜、牛奶不能食用,给人们心理上造成了巨大的恐慌。

1991年波斯湾海域战火纷飞,硝烟弥漫,生灵涂炭。伊拉克打开艾哈迈迪输油管,每天将几百万桶原油倾泻入大海,在海湾内形成一片长56千米、宽16千米的油膜,几天后溢油总量就达到1100万桶(约170万吨),以每天24千米的速度向南漂移。所经之处有200万只海鸟丧生,许多鱼类和其他动植物也遭受了灭顶之灾,波斯湾里的一些特产鱼种就此永远消失。

7.2.3 精神的折磨

1953年,在日本九州熊本县的水俣镇发生了一场奇怪的流行病。首先是出现了大批病猫,这些猫疯了一般,步态蹒跚,身体弯曲,纷纷跳海自杀。不久又出现了一批莫名其妙的病人,病人开始时口齿不清,表情呆滞,后来发展为全身麻木,精神失常,最后狂叫而死。多年之后,科学家们才找到这种怪病的起因:汞中毒。原来在水俣镇有一家合成醋酸的工厂,在生产过程中用汞做催化剂,然后把大量的含汞废水排进了水俣湾。汞的毒性很大,在水中微生物的作用下,转化成毒性更大的甲基汞,在鱼、贝等体内富集,人吃了这些被甲基汞污染的生物,才得了可怕的水俣病。甲基汞会聚集在人脑中,损害脑神经系统,因此猫与人都疯了。

第8章　不可持续的工业文明

几个世纪以来,西方文明在全球范围内一直居支配地位。这个支配"非西方文明"的西方文明实质上是一种工业文明,这个凌驾于"非现代社会"之上的现代社会实际上是一个工业社会。这种工业文明和工业社会竭力向其他文明和社会推销自己的合理性:它拥有以科学技术为坚强后盾的巨大物质生产能力,能够使人们过上幸福和健康的生活;同时,它也建立了与工业社会相应的政治机构和意识形态,保证人们的精神政治生活是自由的和民主的。当非西方的发展中国家为了现代化纷纷追求"西化"或工业化的时候,在西方社会内部却出现了对工业文明的挑战。1962年,美国著名生态学家蕾切尔·卡逊在《寂静的春天》一书中,以"万物复苏、繁茂生长的春天走向寂静"的深刻寓意对传统工业文明造成的严重环境污染进行了有力的批判。蕾切尔·卡逊说道:"'控制自然'这个词是一个妄自尊大的想象的产物,是当生物学和哲学还处于低级幼稚阶段时的产物。"[①]

8.1　工业文明的历史意义

18世纪60年代兴起的产业革命,开启了世界工业文明的新时代。工业文明的开启是人类历史上最为深刻的变化,使得人类在文明历史的进程中迈出了一大步。

毫无疑问,工业文明首先促进了生产力的巨大发展。由于瓦特蒸汽机的发明和广泛使用,人类社会的生产工具和生产动力都发生了划时代的变革,人类利用和改造自然的能力大为提高,更促进了资本主义生产力的飞速发展。工业文明促进了生产关系的深刻调整。工业文明以历史的力量摧毁了以农业文明为基础的封建社会,彻底改变了农民对地主的人

---

① [美]蕾切尔·卡逊:《寂静的春天》,吕瑞兰等译,吉林人民出版社1997年版,第263页。

身依附关系,破除了农业社会的封闭性。正如马克思所说:"资产阶级使农村屈服于城市的统治。它创立了巨大的城市,使城市人口比农村人口大大增加起来,因而使很大一部分居民脱离了农村生活的愚昧状态。正像它使农村从属于城市一样,它使未开化和半开化的国家从属于文明的国家,使农民的民族从属于资产阶级的民族,使东方从属于西方。"①

工业文明推动了历史的进步。工业文明不但促进了生产力的发展以及生产关系的调整,而且从根本上推翻了落后的封建制度,建立了资本主义制度,建立了与工业社会相应的政治机构和意识形态,在一定范围和程度上保证了人们自由、民主的精神政治生活。不仅如此,生产力和科学技术水平的不断提高,还催生着新的产业革命和科学技术革命,极大地提高了人类改造和利用自然的能力,使人类对自然的改造和利用取得了前所未有的辉煌成就,从而也大大提高了人们的生活水平。

8.2 工业文明的特征

近代工业文明的核心价值观是一种以"人类中心主义"为理念的发展观。在人与自然的关系上,工业文明认为,其一,"人是万物的尺度",因此,人类是自然界的最高主宰和统治者,自然界是要予以征服和改造的敌人,而绝非保护和关怀的对象,将人的利益和需要作为衡量自然界万事万物根本价值的尺度;其二,大自然的资源是无限的,人类可以不受限制地任意开采和利用,甚而鼓吹消费享乐主义以刺激经济的发展;其三,自然界净化垃圾废物的能力是无限的,因而可以向环境任意排放污染物;其四,崇拜科技成果,认为科学技术改造世界的能力是无限的。下文将论述工业文明的基本特征。

8.2.1 主宰自然的价值观

工业文明的哲学基础是机械论的自然观,认为人类是自

---

① 《马克思恩格斯选集》第 1 卷,人民出版社 1995 年版,第 276~277 页。

然的主人，自然是人类的奴隶，自然的一切都是为人类这一物种服务的，人类成为自然界的中心。这种哲学认识导致人类对自然的理念发生了根本的改变，由"适应"、"利用"变成了"征服"、"奴役"，"人是自然的主宰"的思想占据了统治地位。这种价值观认为，大自然的价值就在于满足人的需求，人类征服自然、向自然无限索取是无可厚非的，人类无须为了自然界而牺牲自己的利益。人类在"征服自然、驾驭自然"的机械论思想的鼓舞下，认为自然资源是取之不尽、用之不竭的，因而毫无顾忌地利用先进的工业技术肆意开采自然资源，诸如煤炭、石油、天然气等不可再生能源。

8.2.2 线性生产模式

工业文明不同于农业文明的"生物型"生产，其生产模式属于"线性"生产，即"资源—产品—污染排放"的单向流动的线性经济活动。工业生产的劳动工具是机器，其生产过程的基本特点是：以无生命的东西为劳动对象，材料与能源（物质资源）是其主要资源；以工业科学技术为手段，主要依靠力学、物理学、化学等科学技术；在不依附自然条件的工厂中进行，所使用的资源是物质与能量，主要是煤、石油等矿石能源和金属矿产、非金属矿产等材料资源，工业生产以"高投入、高消耗、高产出、高污染"为特征，其生产的增长依赖于大量的资源投入，会对生态环境造成严重破坏。

8.2.3 高物质消费模式

在工业文明时代，人们奉行西方拜物主义的生活方式，在人的本能驱动下追求生理需求的最大满足，追求无限制的物质享受和消遣，把物质财富作为崇尚的最高目标。物质消费不再是为了满足人们的正常生存需求，而是为了穷奢极欲，消费已经完全脱离了它的原始目的，成为身份和地位的象征。人的实际需求是有限的，但欲望是无穷的。为了满足无穷的欲望、获得更多的消费物质，人类必然会无节制地对大自然进行开发，大量的自然资源消耗于商品生产中。

8.2.4 征服型科技观

科学技术是现代工业文明的基石，人类运用不断发展的科学技术利用自然、改造自然，创造了巨大的物质财富。人类在"征服自然、战胜自然"和追求经济利益最大化的观念的支配下，使科学技术成为自身征服自然、改造自然的武器。人们认为，凭借先进的科技手段，就可以统治自然，肆意干预自然。对大自然进行不顾后果的掠夺和征服，必然会造成自然资源的衰竭与生态环境的破坏，也背离了科学技术造福于人类的目标。可见，科学技术是一把双刃剑，同时存在正效应和负效应，科学技术经常被人类有意或无意误用而产生危害性后果，或被严重异化（政治化、军事化），从而加深了现代工业文明的危机。

8.2.5 不公平的社会制度

在工业文明时代，世界各国政治经济制度是建立在人与自然、人与人不公平关系的基础之上的，这就是所谓的工业社会制度。工业文明时代的社会制度忽略了人与自然之间的和谐与公平，漠视自然资源与生态环境的承载能力，从未将生态理念纳入制度考虑，将经济的快速增长、物质财富的不断积累作为衡量社会进步以及个人发展的准则，把无限扩张的市场和计划建立在"自然资源取之不尽、用之不竭"的虚幻泡沫之上。工业文明时代的社会制度忽视了人与人之间的和谐与公平，当代人之间、当代人与后代人之间在资源和环境配置及利益分配方面存在着明显的不公平，发达国家和富人通过占有过多的资源与环境来维持其高物质消费的生活方式，欠发达国家和穷人却无法满足其基本的衣、食、住、行、教育等方面的需求，对子孙后代满足其发展需求的能力也构成极大的威胁。

8.3 工业文明的缺陷

工业革命以来，人类在享受工业文明带来的便利的同时，也正在品尝自己酿造的苦酒。早在工业革命开始不久，当人们还沉浸于工业革命所带来的发展繁荣之时，恩格斯就尖锐地指出，曼彻斯特周围的城市，到处都弥漫着煤烟，在这样难以想象的肮脏环境中，在这种似乎是被毒化了的空气中，在这种条件下生活的人们，的确不能不降到人类的最低阶段。工业文明是以牺牲自然环境为代价的,生态平衡的极大破坏开始使人类陷入了深重的生存危机,如大气污染和酸雨、水污染、噪声污染、固体废物污染、化学污染、放射性污染、森林草原退化、矿产资源枯竭、物种灭绝、臭氧层空洞、全球变暖等。事实证明,工业文明有其自身的严重缺陷和不足。

人类中心主义导致人对自然的无节制掠夺。随着近代科技革命和工业经济的迅猛发展,人类愈来愈陶醉于自己改造自然的成就,把自身当成宇宙的主宰,完全忘记了人类的出处和自然的力量,失去了对大自然的敬畏之心,在疯狂开采和掠夺大自然的经济活动中毫不顾及对环境和资源造成的破坏,其结果自然是产生温室效应、臭氧层破坏、酸雨危害、土壤侵蚀等一系列环境问题。生态环境的破坏在客观上也造成地震、海啸、泥石流、暴风雪、洪水等自然灾害以及瘟疫的频频发生,给人类带来巨大灾难。人类中心主义的观念将人与自然严重割裂开来,使得人类对自然万物及其属性、规律的真理性认识总是有局部性的,缺乏对人与自然关系的全面、客观的认识,不能从人与自然、人与社会构成复合系统的整体角度上来认识和把握生态平衡规律;而且,它从工具价值的角度来观照自然,未能考虑到自然本身的内在价值以及对人类整体和未来的潜在价值,结果使得人类在改造自然的实践中未能有效考量工业生产和消费所导致的资源枯竭、环境污染等不良后果。"人直接地是自然存在物"[1],"因此我们每走一步都要记住:我们统治自然界,决不像征服者统治异族人那样,决不是像站在自然界之外的人似的,——相反地,我们连同我们的肉、血和头脑都是属于自然界和存在于自然之中的"[2]。生态危机其实可看作是对人类无视生态规律、藐视自然、破坏生态的一种严厉警告,告诫人类在大自然的深奥规律和潜在危机面前,绝不可妄自尊大,仍然需要做一个有所敬畏、道法自然、遵循规律、虚心学习的

---

[1] 《马克思恩格斯全集》第3卷,人民出版社2002年版,第324页。

[2] 《马克思恩格斯选集》第4卷,人民出版社1995年版,第383~384页。

学生。

利益最大化原则导致人与自然的关系走向恶化。追求经济利益最大化,是资本主义尊奉的基本价值取向和思想原则,这一观念普遍影响了西方国家的政府决策。对于工业文明时代对自然生态环境的掠夺和破坏,马克思、恩格斯认为,这与资本主义生产方式下单纯追求高额利润的制度痼疾有关:"资本主义生产使它汇集在各大中心的城市人口越来越占优势,这样一来,它一方面聚集着社会的历史动力,另一方面又破坏着人和土地之间的物质变换,也就是使人以衣食形式消费掉的土地的组成部分不能回归土地,从而破坏土地持久肥力的永恒的自然条件"①;"资本主义农业的任何进步,都不仅是掠夺劳动者的技巧的进步,而且是掠夺土地的技巧的进步,在一定时期内提高土地肥力的任何进步,同时也是破坏土地肥力持久源泉的进步。一个国家,例如北美合众国,越是以大工业作为自己发展的基础,这个破坏过程就越迅速"②。以利润率为推动力的资本主义生产方式不仅对自然造成了前所未有的破坏,而且导致了人与自然、人与人之间关系的尖锐对立。正是由于资本主义生产方式的制度痼疾,人们陶醉于对自然界的胜利,无视自然界的报复,持续不断地发动着对自然界的"全面进攻"。尤其是在整个20世纪的100年中,人们为了满足自身的需要,以前所未有的疯狂,最大限度地开发、获取自然资源,导致了资源的过耗和短缺。其中仅美国在过去的100年中就累计耗费了大约350亿吨的石油、73亿吨的钢、2亿吨的铝、100亿吨的水泥。与此相伴的,则是"过度抛弃"。人们巨量地向自然界排放废气、废水、废渣,以前所未有的速度和规模破坏着生态环境,导致覆盖全球的全方位的环境污染和破坏。

消费主义加剧了生态危机。自"二战"以来,西方资本主义国家在经济上普遍走进了消费主义时代,消费主义以及作为其伴侣推波助澜的享乐主义,已逐渐取代传统消费观而成

---

① 《马克思恩格斯全集》第44卷,人民出版社2001年版,第579页。

② 《马克思恩格斯全集》第44卷,人民出版社2001年版,第579~580页。

为西方社会占据主导地位的文化价值观,并伴随着近几十年来的经济全球化运动而普遍流行于全世界。消费主义旨在通过大力刺激人们多赚钱、多消费来加速从生产到消费的周期循环,以促进经济的增长。但它在引导大众进行超前消费、奢侈消费、时尚消费、符号消费、一次性消费的同时,却造成了对资源的过度开采和浪费,导致大量垃圾的产生和排放,加剧了环境污染。尽管消费主义通过刺激消费,在一定程度上有助于缓解资本主义的经济危机,但它本质上毕竟是一种不利于环保节约以及可持续发展的物本主义消费观,其主导的经济增长是以牺牲生态价值、破坏可持续发展为代价的。而且,过度偏向于超前消费,脱离了实体经济的支撑,迟早要引起危机。

科学主义导致人类对自然的盲目征服。自近代科技革命以来,人们普遍把科学技术看作是改造自然、促进生产力发展的最重要因素,而很难找到关于如何保护自然和生态环境的论述。这种生产力理论将科技看得比自然界更强大,将大自然看作是被征服和改造的对象,它实际上构成支持人类中心主义的一个客观依据,在思想上突出体现为科学主义和技术统治主义。恩格斯曾尖锐地指出:"但是我们不要过分陶醉于我们人类对自然界的胜利。对于每一次这样的胜利,自然界都对我们进行报复。每一次胜利,起初确实取得了我们预期的结果,但是往后和再往后却发生完全不同的、出乎预料的影响,常常把最初的结果又消除了。"[①]一些重大的科学技术往往不考虑环境和资源因素,缺乏关于新产品、新技术对生态、资源、人类健康可能造成的危害的前期研究,结果导致科技成果被非生态化滥用的事件不断发生,一些科技成果因为缺乏有效的控制和保护机制也给人类带来了灾难性后果。

西方中心主义破坏了各国承担环保责任和利用资源的公正合理性。目前,发达国家以占全球20%的人口消耗着全球的大部分自然资源,排放着全球大部分的污染物。其中仅美

---

① 《马克思恩格斯选集》第4卷,人民出版社1995年版,第383页。

国就以不到世界总人口4.5%的人口排放着占世界排放总量23%的增温气体。作为全球生态环境恶化始作俑者的发达国家，不仅直到今天仍不愿意为自己的"原罪"出资，而且为了维护自身的发展、繁荣和生态而不惜牺牲发展中国家的经济、资源、生态利益，并向发展中国家转嫁生态危机，大搞"生态殖民主义"，甚至为了掠夺和控制资源而以种种借口大动干戈、制造政变，加剧地区性的动荡和紧张局势。另外，生态危机又会助长社会危机和人际危机，助长资源的过耗、枯竭和生态环境的污染，加剧社会的贫困化，导致人口的非常规流动，引发争夺资源的战争和地区性的紧张局势，从而摧毁社会和谐的物质基础。普世性的生态危机、社会危机、人际危机及其相互作用，给人类的前途带来了史无前例的忧患，将人类和自然界置于危机四伏的境地。

物质主义导致人类精神的虚无和痛苦。在知识爆炸、信息膨胀、竞争日益激烈的大环境中，在越来越快的工业文明的发展中，产生的是传统信仰的贬值、人欲的放纵、道德的堕落和精神的极度颓废，人的内核已被掏空，变成了工业技术、商业广告、产业竞争的玩偶，变成了被极端异化的工具，人类的精神极度空虚和迷茫。越来越一体化的现代社会表面上平静如水，水下面则积聚着冲破平静的能量。不幸的是，当代工业社会对人及其心灵的控制力量太强大和过于内在化了，以至于人们无法把他们的抗议完完全全地表达出来，更无法进行有效的社会斗争和政治斗争。没有反抗然而反抗的能量依然存在，个人力量无法突破社会控制的张力却仍需要发泄的出路，结果导致了个人的心理失调和精神病的产生。人们通常注意到了这个事实：一个社会越发达、越富裕、工业化程度越高，社会内患有心理疾病的人也越多，而心理疾病产生于高压抑性的社会。

第 9 章　走出现代文明的困境

英国环境科学家詹姆斯·洛夫洛克在《盖娅的复仇》一书中证明了如果人类破坏了大自然平衡系统，并企图越俎代庖，那么结果只有两个：一是人类作为"地球维护工程师"，倾其全力、永无休止地实施地球修复工程，并永远生活在犹如囚船一般的地球飞船上；二是人类的大规模死亡。而这正是现代工业文明面临的困境，一个无法打开的死结。人类要想克服这一困境，打开这一死结，必须超越工业文明，建立新的生态文明。

9.1　生态文明的理论基础

近代工业文明基于人类中心主义的理念和思想方法，颠倒了人与自然的关系，在世界观、价值观、认识论、方法论和实践论上都有着重大的问题和缺陷，是导致传统经济走向人与自然冲突和恶化之路的思想根源。而旨在恢复人与自然和谐关系的生态文明，在思想观念上坚决要求破除工业文明在人与自然关系上的错误价值观，以及天人分离的错误方法论，明确树立起人与自然共生共荣、和谐相处的价值观，将人与自然、社会组成一个有机系统，承认大自然在资源和生态承载力方面的有限性，承认自然界具有非工具价值以外的内在价值，将人类发展的合目的性与保持生态平衡的合规律性的统一作为发展原则。这些观点构成生态哲学的核心理念和方法论原则，体现出生态文明在人类文明的价值观、世界观和方法论上胜过工业文明的历史进步性。

9.1.1　生态文明观对工业文明的全面反思

生态文明是基于对工业文明的全面反思而形成和发展的，当然这一反思首先开始于对人类生存境遇的反思。在哲学上，生态文明破除了人类中心主义，环境哲学试图从人与自然关系的角度去重新定位人类在自然界的位置，告诫人类别妄自尊大,人类说到底只是自然界的普通一员,不可任意妄为。在伦理上,生态文明确立了人对环境的责任和义务,环境伦理学努力为人类重新确立一种环境道德,力求建立起一种人类对待自然的"伦理性"的关系性质,并努力为这种关系性质的确立和完善提供合理的理论解释。在政治上,生态文明破除"唯GDP"的政绩观,环境政治学要求政治必须直面当下人类社会的发展理念和发展现实,立足于可持续发展的基本思想,以寻求一种"绿色政治"的发展道路。至于环境经济学、环境法学等学科则是侧重于环境保护政策、法规和法律方面的研究和把握,意在对各种不同层面、不同地域以及不同形式的环境行为加以规范和管理。

这种全方位的反思在理论层面上深刻指出了今天人类的环境行为已经威胁到人类自身的生存与发展,这使得人们必须重新思考自身的行为方式以及对待自然环境的态度,这种反思是从人与自然的关系性质入手展开的。而在实践层面上,则从政治、经济、社会等维度探讨了解决环境问题的可操作性的途径,如对低碳经济、循环经济以及环保组织、风险社会等问题的研究都凸现了其实践特征。因此,生态文明观绝不是一般性的环境保护意识,它立足于对人与自然关系性质的总体性反思。

9.1.2 生态文明的理论依据

(1) 人是自然的一部分,自然是人的无机的身体

人类社会发展是一个自然历史过程,人是自然界的产物,人的生存与生态环境息息相关。生态伦理学创始人之一罗尔斯顿认为:"我们的人性并非在我们自身内部,而是在于我们与世界的对话中,我们的完整性是通过与作为我们的敌手兼伙伴的环境的互动而获得的,因而有赖于也保有其完整性。"[1]马克思首次提出了"人化自然"的概念,并指出,人的感觉、感觉的人性,都只是由于它的对象的存在,由于人化的自然界,才产生出来。人类实践活动使原来混沌的自然

---

[1] [美]霍尔姆斯·罗尔斯顿:《哲学走向荒野》,刘耳译,吉林人民出版社2000年版,第93页。

界分立为"人化自然"和"自在自然",并不断推动"自在自然"向"人化自然"持续转化。也就是说,人与自然是共生共存的,离开自然,人将无法存在与发展。"人不仅是自然界的主体,更是构成自然界整体的客体,所以必须在顺应自然的基础上利用自然建立人与人、人与自然之间的相互理解。"①

"在实践上,人的普遍性正表现为这样的普遍性,它把整个自然界——首先作为人的直接的生活资料,其次作为人的生命活动的对象(材料)和工具——变成人的无机的身体。自然界,就它自身不是人的身体而言,是人的无机的身体。人靠自然界生活。这就是说,自然界是人为了不致死亡而必须与之处于持续不断地交互作用过程的、人的身体。所谓人的肉体生活和精神生活同自然界相联系,不外是说自然界同自身相联系,因为人是自然界的一部分。"②所谓自然是人的无机的身体,恰好反映的就是在人和自然之间存在着广泛而深刻的物质变换,说明通过劳动而实现的物质变换把人和自然结合成为一个生态系统。在这个过程中,作为人的生存基础和生产条件的自然、作为人的需要满足和本质确证的实践(尤其是生产劳动),以及作为人的存在方式和现实形式的社会,就成为一个有内在联系的整体,成为一个具有生态学特征和要求的复杂系统。这样,建立在实践基础上的人和自然的关系状况就成为贯穿所有社会形态始终的一个基本主题,这一主题对所有的文明形态都提出了人与自然和谐相处的要求。否则,人类既不可能生存,更不可能发展。

人是自然的产物,自然是人的无机的身体,要坚持从人统治自然走向人与自然合一。这种观点充分认识并承认自然价值,承认自然界的道德地位,要求人们善待自然、尊重自然,从而确立起一种人与自然和谐发展与共生互利的关系。这种新理念也实现了从"局部—机械性"分割思维到"整体—协调性"系统思维方式的变革。我们生存和发展所依托的自

---

① [德]汉斯·萨克赛:《生态哲学》,文韬等译,东方出版社1991年版,第48页。
② 《马克思恩格斯选集》第1卷,人民出版社1995年版,第45页。

然界，是由水圈、大气圈、岩石圈、生物圈等组成的一个各子系统互相依赖、互相联系、共生发展的大系统。因此，人类必须从自然生态系统整体出发，坚持整体—协调性系统思维，对系统、结构、功能、要素、信息等进行整体性考量，协调整体与部分、结构与功能、系统与环境之间的内在关系，从而把握自然系统的整体规律。

（2）以人为本，全面、协调、可持续发展

工业文明导致人的异化，使人成为单向度的人，成为机器的一部分，人的创造与人截然分离，正如马克思所说："工人生产的财富越多，他的产品的力量和数量越大，他就越贫穷。工人创造的商品越多，他就越变成廉价的商品。物的世界的增值同人的世界的贬值成正比。"① 而生态文明观从根本上克服了这一弊端，生态文明观坚持人是自然的一部分，同时也坚持改造自然是为了改善人类自身，是为了人类生活更美好，从根本上克服越发展对人类伤害越大的局面。

长期以来，工业文明把追求经济利益的最大化作为唯一目标，这不但忽视了政治和文化的发展，更忽视了生态环境的保护。生态文明的"生态"，不仅包括有机生命与无机环境之间的协调关系，还包括有机生命个体与个体之间、有机生命个体与群体之间的协调关系，是一个相互依赖、相互促进、共同进步的有机整体。也就是说，生态本身就是一个处于联系中的系统，它本身要求人们从世界和人类的整体出发，用一方的发展带动另一方的发展。生态文明的这种内在要求，必然会促进人和自然的和谐发展，推动整个生态的全面进步。

生态文明是可持续发展的重要标志，是生态建设所追求的目标。生态文明反对人类的绝对中心论，强调人与自然的整体和谐，致力于实现人与自然的协调发展。可持续发展不仅用整体、协调、循环、可再生的生态文明来调节人与人、人与社会之间的关系，而且也用生态文明来调节人与自然之间的道德关系，调节人的行为规范和准则。可见，可持续发

---

① 《马克思恩格斯选集》第1卷，人民出版社1995年版，第40页。

展是在更高层次上对"以人为本"的一种肯定。虽然可持续发展的着眼点在于保护自然，但最终所关怀的还是人的生存与发展，不仅仅关怀人类现实的利益和发展，更关怀人类未来的利益和发展，最终目的是实现人的全面发展。

9.2 生态文明的特征与意义

(1) 人与自然和谐的价值观

生态文明的哲学基础是人与自然和谐的有机论自然观，认为人类是自然界的产物，是自然界的有机组成部分，包括人在内的自然界是一个相互作用、相互依存的统一的有机整体。人类要尊重自然界和其他物种的内在价值，人类不应只关心自身的发展，还应关心自然界的命运与发展，把人与自然和谐协调发展作为一项基本的道德准则。

(2) 循环生产模式

循环经济的增长方式与工业文明时代的经济增长方式有着本质的区别。生态文明时期的生产方式是一种"非线性"生产过程，是将生产活动组织成一个"原料—产品—废弃物—二次原料"的闭循环过程，在对自然资源的加工环节中，可以利用技术手段和管理手段来提高资源的利用率和降低废品的产生量，产生的废品一方面可以通过无害化处理返回大自然，另一方面可以通过再资源化进入加工环节。总之，循环经济在一切生产环节和消费环节都体现了资源的集约、循环利用，所有的物质和能量都要在不断进行的经济循环中得到合理和持续的利用，从而把生产活动对资源的消耗和环境的破坏降低到尽可能小的程度。

(3) 绿色消费模式

英国著名经济学家 E.F. 舒马赫指出，人的需要无穷尽，而无穷尽只能在精神王国里实现，在物质王国里永远不能实现。生态文明崇尚节俭的生活方式，倡导绿色消费、适度消费，追求基本生活需求的满足，反对穷奢极欲的高物质消费，崇尚精神和文化的享受。绿色消费通过最大限度地减少生产过程中对自然资源的消耗，最大限度地减少生产和消费过程中对环境的污染和对生态的破坏，创造良好的生存环境，满足人类对生态环境的基本需求。国外环境专家将绿色消费概括为5R,即:节约资源,减少污染(Reduce);重复使用,多次利用(Reuse);分类回收,循环再生(Recycle);绿色生活,环保选购(Reevaluate);保护自然,万物共存(Rescue)。

(4)生态型科技观

科学技术是人类社会发展的动力源,生态文明的发展也依赖科学技术的进步。但是,必须在人与自然和谐的价值观的支配下,对科学技术进行生态规范化,即按照生态学原理的要求进行科学技术研究、发展、管理与应用,树立以"生态技术"为核心的科技发展观。

理性构建篇

我们应该设想构建一种什么样的生态文明呢？生态文明未来发展的情形又是怎样的呢？我们一般谈到生态问题时，往往专注于生态环境，而忽视生态体制和生态生活。诚然，生态问题的提出主要源于现当代的环境问题，以及相应的环保思想运动和现实政治活动。但我们还应看到，环境问题并不仅仅是一个地理意义上的问题，或仅仅将其扩展到对科技应用的反思批判上，它还与经济发展模式、人类的生活态度等密切相关，这是一个相互联系的有机系统。因此，生态文明建设的对象不仅是狭义的生态环境，还应包括广义的经济生态和心灵生态。在环境问题上，我们不能仅就环境论环境，而要走出这种狭义思考的限制，在政治、经济、文化的系统整体中对其作全面的思考和发掘，从而构建一个全方位的生态文明。

第 10 章　人与环境的友好相处

对于生态文明建设来说，一个最根本的问题就是如何处理好人与环境的关系。在这个问题上，现代西方的各种生态学理论尤其是"深层生态学"的观点，可以给我们提供有益的启示。

最先明确提出"深层生态学"（Deep Ecology）这一概念的是挪威哲学家阿伦·奈斯（Arne Naess），他奠定了深层生态学的理论基础，把生态学提高到了一个形而上学的层次。相对于奈斯等人的深生态学主张，原来的生态学主张便被归于浅生态主义了。所谓浅生态主义与深生态主义之分，一个要点就在于：浅生态主义认为我们之所以要保护生态，是为了人类的可持续发展，而深生态主义则认为，环境包括其动植物，原本就有与人类同样的生存、发展权利，在最终意义上，不是为了人类而保护环境，而是人类本来就应该保护环境。

可以举一个形象的例子来说明两者的区别。对浅生态主义者而言，不捕杀幼小的动物，是为了等它长大后再吃掉它。而对深生态主义者而言，人本身就没有捕杀动物的权利，当然，人类不可能完全不从自然界索取任何东西，但要尽力达到最少。

显然，整体而言，深生态主义属于一种激进的环保主义流派。它强调对自然本身的尊重，将对环境问题的探讨从简单的科技应用扩展到哲学领域，这是很有价值的。但是，我们也要辩证地看待深生态主义过于偏激的主张和极端的观点。毕竟，人类是不可能超越自身的利益诉求的。

10.1　深生态主义的提出

随着人类工业社会的发展，我们在生活各方面都享受到了工业化带来的各种利益；然而，我们为此付出的环境代价也是巨大的。比如：

1958年人类单基因遗传病有412种,1987年为4101种,2000年为6600多种,43年内增加了约16倍。

20世纪90年代末,中国精神障碍多基因遗传病患者为160万人,是20世纪50年代的5倍。

近20年,男性精子数量由每毫升1.3亿个下降到0.6亿个。据此发展,150年后人类将无法生育。

20世纪90年代末,中国男性不育率已由20世纪50年代的4%上升为近20%。

男性性染色体衰老,男性细胞特有的Y染色体由最初掌管1500个基因减少到40个左右。据此发展,500年后将没有男人。

1998—2000年,三年间中国人均增重1~3公斤,出现血压升高、肺活量下降等问题。

用青霉素治破伤风,1928年只用几万单位,现在要用几千万单位,而死亡率却回到抗菌素问世以前的水平。

20世纪初至今100年间,免疫指标白细胞由8000个每立方毫米降为4000个每立方毫米。

地球上99%的物种已退化灭绝。其中1/3是19世纪以前消失的,1/3是19世纪消失的,1/3是近几十年消失的。现在的灭绝速度是以前的100~1000倍。[①]

……

如此触目惊心的环境问题,引起了社会各界人士的深入思考。1962年美国生物学家蕾切尔·卡逊出版了《寂静的春天》,1972年罗马俱乐部出版了《增长的极限》,提出人口问题、粮食问题、资源问题、工业发展问题、环境污染问题五个全球问题,至20世纪80年代则开启了世界性的环境主义运动。

一般认为,在西方的环保运动中,尽管存在着各种不同的主张,但都可以归纳为三种基本观点。第一种是人类中心主义的思想。这种观点也主张要保护资源和环境,但认为这

[①] 参见姜长阳:《人类的终结及其延缓方式》,《自然辩证法研究》2005年第4期;姜长阳:《人类正在退化》,《自然辩证法研究》2000年第11期。

样做终究是为了维护人类自身的利益，所谓离开人类自身的环境保护是没有意义的。第二种是生物中心主义的思想。这种观点把是否具有感觉能力作为判断的根本依据，认为凡有感觉能力的生物都有其存在的权利，因而都应该受到保护。这种观点在本质上不过是一种扩大了的人类中心主义思想。第三种是整体主义的思想。这种思想也被称为生态中心主义。它主张把整个地球乃至整个宇宙看成一个其内部各要素相互联系和相互作用的生态系统，其中每一种物质包括人类自身在内，都只是这个生态系统中的一个要素，因而其地位是完全平等的，人类无权去破坏生态系统的完整性。就第三种观点而言，我们之所以不能破坏环境，固然是因为生态整体决定着人类的生活质量，但更重要的是，这种观点认为人与其他存在物是平等的，人是没有资格凌驾于其他存在物之上的。挪威哲学家阿伦·奈斯提出的著名的深生态主义正是第三种观点。

顺便值得一提的是，奈斯与中国有着特别的渊源。他曾到访过成都、香港等地，并且曾一度是西方著名维也纳学派的成员，而武汉大学的洪谦亦曾是其中成员。此外，奈斯认为，深生态主义的理论资源，除了西方斯宾诺莎等人的理论外，也应该吸纳东方的儒释道等思想。实际上，深层生态学是环境哲学中颇具开放性的一种理论体系。它在现代生态学思想的基础之上，广泛吸收和利用了基督教、佛教、道家思想和近现代西方哲学如斯宾诺莎、海德格尔等人的思想，还有自然主义、超验主义和环境保护主义思想。

深生态主义的思想可以概括为所谓的八大原理，其内容如下：

第一，人类和非人类生命的福利和繁荣本身具有价值（其同义词：天赋价值、内在价值）。这些价值不依赖于人类出于自身利益而对非人类世界的使用。

第二，生命形式的丰富性与多样性有助于上述价值的实现，因而它们本身也有其内在价值。

第三，人类无权削弱这种丰富性和多样性，除非为了满足其最低限度的基本生存的需要。

第四，人类生活和人类文化的繁荣同实质性的小规模人口相适应。非人类生命的繁荣要求人类只有比较少的人口数量。

第五，当今人类对非人类世界作了太多的干预，非人类世界的状况正在急剧地恶化。

第六，必须改变现行的各项政策，这些政策影响了经济的、技术的和意识形态的基本结构。正在争取的事态从根本上不同于当今的状况。

第七，意识形态的改变将主要表现为珍视生命与生活的质量。后者在于体现着天赋价值的场合，而不在于日益提高的生活水准。人们对数量的巨大和质量的优良之间的区别将有着明确而深切的意识。

第八，一旦信奉上述要点，那么，人们就有直接或间接的义务去实行必要的变革。①

在这八大原理的基础上，奈斯提出了作为深层生态学理论基础的两条根本性的原则（ultimate norms），即自我实现原则（self-realization）和生态中心主义的平等原则（ecocentric equality）。他提出的深层生态学的这两个最高准则———自我实现和生态中心主义平等，实际上也构成了奈斯深层生态学的理论基础。

关于自我实现，奈斯认为，自我的成熟要经历三个阶段，即从本我（ego）到社会的自我（seir），再从社会的自我到形而上的自我（ecological self）。这种形而上的自我，即是"生态自我"。我们不仅要战胜为了小我的私利，还要进一步扩展到集体和社会，即个人的小私利在面对集体、国家乃至人类社会的利益时要小的服从大的。但这还不够，人类的自我利益视角或人类中心主义还要进一步扩大到整个生态或宇宙的层次，即所谓的大地伦理、宇宙意识，这也正是宋明新儒家中大儒张载所谓的"民胞物与"的境界。显然，这种自我的逐步扩大，便是一个战胜私利、认同范式逐步扩大的过程。

再看他的第二个原则，即所谓"生态中心主义平等"的原

---

① ［美］米歇尔·齐默尔曼：《环境哲学：从动物权利到激进生态学》，美国新泽西布伦帝斯·霍尔出版社1993年版，第197页。

则。这种原则认为所有生态圈中的存在物都是整体的一部分，它们相互作用、相互依存，都有平等地生存、繁衍、发展的机会和平等地实现自身内在价值的权利。但奈斯所主张的平等具有其独特的意义，这种平等既不同于生物中心主义所提出的动物权利的平等，也不同于其他非人类中心主义所提出的狭隘意义上的平等。

正是从这一思想出发，深层生态学提出了一条基本的生态道德原则：我们应该最小而不是最大地影响其他物种和地球。因而它呼吁人们"以俭朴的方式达到富裕的目的(Simple in means, rich in ends)"。

奈斯的这些深生态思想固然是由于当代的环境问题而提出的，但其理论实际上却有着特别深厚的根基。

10.2　深生态主义思想的西方来源

奈斯年轻时曾一度特别关注斯宾诺莎和甘地，这也正预示着其思想甚至整个深生态主义的两大重要理论来源：一是西方的后现代思潮，二是东方的前现代思潮。

奈斯曾经运用图式的方法，指明其思想的三种基础性理论前提：佛教理论、基督教理论和哲学理论（如斯宾诺莎或怀特海等人的哲学）。他以哲学理论为主体，以佛教理论和基督教理论为两翼，建构其理论思想。除此之外，他还提到了道教、伊斯兰教等其他宗教的理论。

奈斯认为，无论是在西方还是在东方，都有不少思想家及其引领的思潮中提出了极有价值的生态智慧思想，如基督教徒圣弗朗西斯，哲学家斯宾诺莎、桑塔亚那、海德格尔，19世纪的浪漫主义运动，还有梭罗、缪尔、利奥波德，以及道家、禅宗佛教等文化传统。他所提出的生态智慧思想不过是在吸收和继承这些历史传统中有益思想资源的基础上形成的。

虽然奈斯特别强调其生态理论的开放性，但对其理论基础进行整体归纳的话，显然主要还是西方的后现代思想和东方的传统思想（可称为前现代思想），下面分别加以分析。

就西方传统思想而言，与中国传统的差等之爱相应，也是认为自然界万物的地位存在一个等级序列，即所谓存在的大链条："存在大链条是对存在本身的一种衡量尺度。今天，绝大多数人都认为存在是一件要么全有、要么全无的事：要么你存在，要么你不存在……新柏拉图主义与此相反……有不同程度的存在，宇宙中的每一事物都可根据它有多少存在来衡量……你也可以用'完善的程度'、'复杂的程度'或'潜能的程度'这样的词来领会。"①这正是普罗提诺等新柏拉图主义的流溢说。对于其后的中世纪神学托马斯主义而言，创造就是输送自身的充足性。这种流溢产生了存在的等级和相应的存在大链条，即"无机的在者—植物性的在者—感觉性或动物性的在者—智性在者(人)—上帝"。在这个存在的金字塔层级中，越向上则越高级，越接近于上帝。

显然，人类在这个存在的链条中，有着特别尊贵的地位，是仅次于天使和上帝的存在，是远远高于世界万物的，圣经亦讲人类要代上帝管理自然界的万物，还有各种神学目的论讲人类的出现是上帝创世的最强音，是上帝创世的最终意义所在。这些思想潜移默化地导致了西方的人类中心主义。

西方一些哲学对此存在等级链条进行了批判。比如斯宾诺莎有泛神论的思想，认为世间一切现实具体事物都是神的表达，神通过世间所有事物显现自己，世间所有事物皆有神性，神就是整个世界而不是一个外在的他者。所以，世界上的诸存在并没有等级之别，不存在人们所说的"低等"是为"高等"而存在的终极目的。这种本体论上的民主与平等，受到了奈斯的特别推崇，既然如斯宾诺莎泛神论所说，神就是这个世界，因而整个世界都具有神性，所以自然界的各物种都是应当得到尊重的。

比如，奈斯对上文提及的深生态主义八大原理的第二条作了进一步的阐释。他指出，所谓简单的、低级的或初级的动植物种类，从本质上有助于生命的丰富性与多样性。它们有其自身的价值，并非是走向所谓高级的或理性的生命形式的过渡中介。该原理假定，生命自身，作为一个随着时间的

---

① ［美］保罗·汤姆森、［美］沙伦·M. 凯：《奥古斯丁》，周伟驰译，中华书局2002年版，第19~20页。

流逝而不断进化的过程,意味着多样性和丰富性的增长。生态学已经证明,在一个特定的生态系统中,物种越丰富,其中每一物种个体数量越大,环境条件越复杂,其生态系统的多样性和稳定性也就越高。因此,深层生态学把多样性和共生性作为其基本原则,并将其推广到人类社会,得出了人类文化形式越多样社会越进步的结论。

人类中心主义确实是产生现在环境问题的一个重要因子,但显然并不是全部。我们可以看到,如上文所提及的,此人类中心主义在中世纪就已存在,但中世纪并没有产生现在这些严重的环境问题,所有环境问题的成因要更多地从近现代思想的变动中去寻找,即从所谓现代性的展开中去寻找。

现代性有着方方面面,比如启蒙、理性、进步、科学、权威等,在这些现代性的背后,有一个最大的理论基础,就是机械论的世界观。正如恩格斯所指出的,西方自近代以来,由于各门自然科学纷纷从哲学中分化出来,并且主要用分析或解剖的方法分门别类地去研究自然界,于是一种机械的形而上学不仅在自然科学的研究中,而且在哲学的研究中占据统治地位。例如,从哥白尼到牛顿的整个发展过程,所呈现出来的就是一个世界图景逐渐被机械化的过程。于是,中世纪关于世界图景的有机论隐喻转化为近代的机械论隐喻,这被马克斯·韦伯称为"理智化的过程"或"世界的除魅"。

虽然有各种批评,但机械论在今天的影响依旧广泛存在,这是一个不得不承认的事实,"使自然进程向机器同化仍然是科学研究的一个显著特色。17世纪机械哲学的遗产明显见诸遗传工程这样一些术语,也见诸对计算机具有模拟人类智能某方面能力的描述"①。比如美国当代社会生物学家爱德华·威尔逊认为,"所有的人类行为都可以归结为生物学起源以及目前的基因结构……'社会学和其他社会科学,还有人文科学,都是生物学的最后分支'"②,心灵也只是神

---

① [英]约翰·H.布鲁克:《科学与宗教》,苏贤贵译,复旦大学出版社2000年版,第121~122页。

② 转引自[美]伊安·巴伯:《当科学遇到宗教》,苏贤贵译,生活·读书·新知三联书店2004年版,第8页。

经活动的附带现象(epiphenomenon)。

这些机械论思想，使我们认为世界不过是原子的聚散离合，没有了精神性存在的家园，这个世界因此失去了意义性的存在，在此类思想的基础上进一步产生的唯科学主义、技术至上等观念，才是环境问题的真正原因所在。各种后现代思想如解构主义、存在主义、怀特海的有机过程思想等，从不同角度对此进行了批判性的反思。比如海德格尔认为"神庙定然是由石头所造，但它并不是关于石头的，它是有关宗教经验和人与神明的关系的"，"海德格尔说，作品的原材料在作品之中了无踪迹。当人们在神庙里做礼拜时，他们并不说'多美的石头啊'，而是体验着神的在场或者是缺席"。①同理，虽然这个宇宙是由原子等微粒构成的，但还是有精神意义的存在。

怀特海、海德格尔等人的后现代思想，亦是深生态主义的重要思想资源。

10.3 深生态主义与东方传统思想的契合

龙王左那里赤辩护道："我们龙族没同人类结冤仇，而是人类来和我们过不去！我们龙族的山泉边呀，人类故意杀野兽剥兽皮，血水腥味充满了洁净的山泉。人类天天上山来打猎，不让我家马鹿山骡自由吃野草，射走马鹿还杀了山骡；阴坡黄猪掉进陷阱，阳坡红虎被地弩毒死；雪山白胸黑熊已猎尽，高岩黄蜂甜蜜已取完；他们还到江里来捕鱼，他们还去江滩淘沙金；树上白鹏不飞了，森林花蛇不爬了，石边青蛙不叫了；九座山头森林砍完了，七条箐谷树木烧完了！不是我们龙族和人类相仇哟，而是人类不让龙族活下去呵！"

这是云南丽江纳西族史诗东巴经《休曲苏埃》中的一段经文，如果把这段话中的龙族换成自然，这就是一段很好的环保宣传文字。在这部史诗中，人们认为人与自然界是一对同父异母的兄弟，也就是说自然界的东西并不是人类自家的，

---

① [美]P.A.约翰逊：《海德格尔》，张祥龙等译，中华书局2002年版，第66页。

如果从人类的兄弟"自然"那里取用一点东西,要带着感恩之心去取。这种原生态的自然观对于保护当地的自然资源与环境确实发挥了重要的积极作用。

中国传统儒释道更为复杂精细的思想体系则可以提供更多深入的深生态环保理念。

下面首先对佛教的相关思想进行分析。佛教的许多思想从根源上讲,有更为彻底的深生态主义倾向。

首先,佛教是在反对婆罗门教的基础上产生的。就印度思想而言,整体来讲,佛教侧重于"断",印度教侧重于"常",即佛教强调万法皆空,不存在什么永恒不变的东西,而婆罗门教及其后印度教则强调宇宙存在永恒不变之梵为最终本体。佛教强调一切皆空,此空又有法我两空,意为:不仅世间万法即万事万物是无自性而空的,即使人类本身也是无自性而空的。这与生态主义对人类中心主义的批判有着潜在的相通之处。佛教否定小我私利的慈悲心与生态主义者对人类私利的批判,显然有着内在的相通性。

其次,无论大小乘佛教,都强调一种轮回的世界观。佛教的生命轮回说认为,生命在六道四生间轮回,所谓六道即天上、人间、阿修罗、地狱、鬼、畜生,所谓四生即胎生、卵生、化生、湿生。一个人因在世间所行善恶不同,下一世会有不同的转生形态。身边的小动物可能是不小心犯错的先祖经轮回而成的,这些小动物也可能因向善之心在后世成佛去度化众生,所以应以平等心看待万事万物,更不能去杀害生命。不杀生为佛教第一大戒律。在这些佛教徒看来,身边的小动物既可能是先祖,又可能是未来之佛,自然应善加对待了。

"佛教反对这样一种认知:'又作是心,畜等乃是世主(指创造世界的神灵——引者)所化为资具故,虽杀无罪。'"①这里非常明确地告诉我们,动物并非是神灵赐给人类的生活用品,或者说不能理解为神灵创造动物是为了赐福于人类,动物更不是任人宰割的对象,杀害动物的行为是不

---

① 宗喀巴:《菩提道次第广论》,上海佛学书局2008年版,第123~129页。

可取的。在佛教看来，人类并没有主宰或随意杀害动物的权利。"①这些观点显然与奈斯等深生态主义者的论述是相通的。

并且，佛教在反对杀生的同时还主张"放生"，对动物采取保护措施，其不杀、慈悲心不仅是对人，也包括了六道之内所有的生物，所以西藏等佛教发达之地，有着较好的生态环境。西藏本身的自然条件就比较恶劣，如果传统藏人在环保意识上稍差一点，西藏的许多物种恐怕早就灭绝了。

佛教倡导众生平等的原则，认为君臣、官民、男女皆是平等的，所以佛教徒无论是见皇帝还是见平民，皆是合手行礼，释迦牟尼原为王子，出家后也要去乞讨。这种无差等之爱扩展开来，在面对自然界众生时平等对待，自然也有着很好的环保效果。

再次，佛所讲的无量阿僧祇劫之时间观与三千大千世界之空间观，实际上是一种宇宙无限论，突出了人类存在于宇宙中的平凡地位，这是不同于基督教神学目的论的。佛教的时空观具有无限的性质，这种无限的时空论并没有给人以特殊的地位。在佛教看来，人类不过是无限宇宙之中的一种生命类型，并没有高于其他生命类型的优越之处。而且，各种生命类型是轮回转换的，因此，在佛的视界中，一切生命都是平等的，并无高低贵贱之分。显然，这样的时空观、自然观和宇宙观，包含了一种生态人文主义的价值精神。

佛教甚至讲"无情有性"，即自然界无生命的存在物也有佛性而值得尊重。"青青翠竹，总是真如，郁郁黄花，无非般若"②，即是说，世间一切事物，不管有情无情，或大或小，亦贵亦贱，皆是真如本体、般若智慧的显现，无一物遗漏。这与老庄的"道"本体论有类同之处。老庄哲学认为，"道"就存在于世间一切事物之中，《庄子·天地》中有"夫道，覆载万物者也"，《庄子·天道》中有"夫道，于大不终，于小不遗"，《庄子·知北游》中有"六合为巨，未离其内；

---

① 才让：《藏传佛教慈悲伦理与生态保护》，《西北民族研究》2007年第4期。

② 朱棣《金刚经集注》。

秋毫为小，待之成体"。庄子甚至指出，在蝼蛄和蚂蚁身上，在小米和稗子、瓦片和砖头、屎和尿里面，都存在着道，道无所不在。道家和佛家的区别在于，前者具有崇尚自然的无神论倾向，后者则具有崇尚自然的泛神论色彩。无疑，这样的哲学思想与所谓的人类中心主义是无缘的，而与现代的生态主义有诸多契合之处。

并且，佛教还强调自然界万物的普遍联系性，即"芥子容须弥，毛孔收刹海"。既然人与万物皆有复杂联系而一体共存，人自然应该善待众生。

最后，禅宗的生活方式讲顺应自然。"春天月夜一声蛙，撞破乾坤共一家"，"饥则吃饭，困则眠"，"万古长空，一朝风月"。这种自然的生活方式相对于现代工业化人定胜天的模式，自然有更好的环保效果。

下面再看儒家。其一，"天"在儒家理论中是一个超越性的概念，这个天既是自然之天，又是道德之天，这种词源上的相通或模糊，也说明了儒家所追求的道德境界与自然是不可分的，从而使仁民爱物、和谐共存的生活观相容于生态伦理了。

中国传统不是不讲超越性的，"天"这个超越性概念就是非常重要的。"子曰：'天何言哉？四时行焉，百物生焉，天何言哉？'"①，"唯天为大"②，"畏天命"③。《周易·文言》中有"夫大人者，与天地合其德，与日月合其明，与四时合其序"，这里不仅强调了天的存在，而且认为人的行为要符合天的法则与规律。到了汉代，这种思想就进一步发展为天人合一的思想了。大儒董仲舒明确提出了"天人之际，合而为一"④的说法，强调人与自然是一个有机联系的整体，"天地人，万物之本也。天生之，地养之，人成之"⑤，"三者相为手足，合以成体，不可一无也"⑥。宋代张载则在其《正

---

① 《论语·阳货》。
② 《论语·泰伯》。
③ 《论语·季氏》。
④ 《春秋繁露·深察名号》。
⑤ 《春秋繁露·立元神》。
⑥ 《春秋繁露·立元神》。

蒙·乾称》中正式提出了"天人合一"这一名称："儒者则因明致诚，因诚致明，故天人合一。"

在《论语·先进》中，孔子问及弟子理想："'莫春者，春服既成，冠者五六人，童子六七人，浴乎沂，风乎舞雩，咏而归。'夫子喟然叹曰：'吾与点也！'"在《论语·述而》中，孔子说："饭疏食饮水，曲肱而枕之，乐亦在其中矣。"儒家以这种顺应自然的心态来生活，自然不会对自然乱加破坏。

其二，儒家向来就有"俭"的传统。儒家文献《左传·庄公二十四年》中有"俭，德之共也；侈，恶之大也"，《国语·鲁语上》中有"财不过用"，《礼记·王制》中有"量入以为出"。所以诸葛亮"静以修身，俭以养德。非淡泊无以明志，非宁静无以致远"①的名句才会广为流传。这与深生态伦理观是相通的。

其三，儒家有中庸思想，做事强调中庸平和、不可过度，所以注重保护自然资源，如"取物不尽物"、"取之有度"、"用之有节"。《论语·述而》也讲道："子钓而不纲，弋不射宿。"因为用网打鱼会打到小鱼，而射杀鸟窝会伤及幼鸟。

其四，儒家亦有顺时即顺应自然之时的概念。《礼记·祭义》中有："曾子曰：'树木以时伐焉，禽兽以时杀焉。'夫子曰：'断一树，杀一兽，不以其时，非孝也。'"《逸周书·大聚解》中有："春三月，山林不登斧斤，以成草木之长。夏三月，川泽不入网罟，以成鱼鳖之长。"《礼记·月令》中有："孟春之月……命祀山林川泽，牺牲毋用牝。禁止伐木，毋覆巢，毋杀孩虫，胎夭飞鸟，毋麛毋卵"；"仲春之月……毋竭川泽，毋漉陂池，毋焚山林"；"孟夏之月……毋伐大树"。孟子也认为："不违农时，谷不可胜食也；数罟不入洿池，鱼鳖不可胜食也；斧斤以时入山林，材木不可胜用也；谷与鱼鳖不可胜食，材木不可胜用，是使民养生丧死无憾也。养生丧死无憾，王道之始也。"②荀子则提出了更具体的设想："圣王之制也：草木荣华滋硕之时，则斧斤不入山林，

---

① 诸葛亮：《诫子书》。
② 《孟子·梁惠王上》。

不夭其生，不绝其长也。鼋鼍鱼鳖鳅鳣孕别之时，罔罟毒药不入泽，不夭其生，不绝其长也。春耕、夏耘、秋收、冬藏，四者不失时，故五谷不绝而百姓有余食也。污池渊沼川泽，谨其时禁，故鱼鳖优多而百姓有余用也。斩伐养长不失其时，故山林不童而百姓有余材也。"①

最后，我们特别关注一下"一体之仁"的思想。

宋明新儒学在融汇佛学的基础上，对孔孟之儒学有了很大的发展，其中一个发展就是将孔孟时期的差等之爱逐步扩展为一体之仁。此一体之仁与前文提到的斯宾诺莎式泛神论和佛教之无情有性是有内在相通之处的。

周敦颐《太极图说》是新儒家的重要文献。他在《太极图说》中通过引用《周易·系辞》的思想，表明世间万物共同起源于"太极"的天地演化模式，表明人与万物皆随太极运动而"涌现"，人与万物有着同本同源、一体无隔的关系。这种生活态度可通过一则逸事来表明，朱熹的《朱子近思录》曾记载："明道先生曰：周茂叔(敦颐)窗前草不除去，问之，云'与自家意思一般'。"这正是万物一体的感觉。

此万物一体之说在张载处有了更好的说明，张载的《西铭》被视为宋明儒学的核心典籍，其中开篇就讲道："乾称父，坤称母，予兹藐焉，乃混然中处。故天地之塞，吾其体；天地之帅，吾其性。民，吾同胞；物，吾与也。"此民胞物与的精神正是天人合一境界的具体表现。

在中国哲学史上，张载是"气本体论"的代表人物。在其《正蒙》中，提出了"太虚即气"的命题。"太虚无形，气之本体，其聚其散，变化之客形尔。"②任何事物，皆为气之聚合而成，气聚则物成，气散则物灭。万物的生灭变化不过是一气流行而已。从本体上看，人与物作为气的派生，在本质上没有什么差别。显然，这与孔孟的差等之爱，与西方中世纪等级式的存在之链条是有所不同的。

程颢提出了"与物一体"论，即"学者须先识仁。仁者，

---

① 《荀子·王制》。
② 《正蒙·太和》。

浑然与物同体"①。他说："仁者，以天地万物为一体，莫非己也。认得为己，何所不至？若不有诸己，自不与己相干；如手足不仁，气已不贯，旨不属己。"②又说："若夫至仁，则天地为一身，而天地之间，品物万形为四肢百体。夫人岂有视四肢百体而不爱者哉？"③其实董仲舒也早就说过："质于爱民，以下至于鸟兽昆虫莫不爱。不爱，奚足谓仁？"④孟子也讲，"亲亲而仁民，仁民而爱物"⑤。

朱熹的理本论认为："未有天地之先；毕竟也只是理，有此理，便有此天地。若无此理，便亦无天地，无人无物，都无该载了。"⑥朱熹进一步讲的"理一分殊"与佛家讲的"月印万川"，都是在强调超越者内在于世间万事万物，道器无二，显然与斯宾诺莎之泛神论是相通的。这个超越性的存在，既不是中世纪启示神学所讲的一个外在的、人格化的上帝，也不是自然神学、自然神论强调的创世之后就退场的上帝，而是一个内在于世界并生生不息、进化不已的内在动力。

追溯儒家仁学的发展，我们发现它是一个将"仁"不断加以深化和扩展的过程。孔子提倡"仁者爱人"，将爱的对象指向"人"自身；孟子提出"仁民而爱物"，将爱的对象延伸到物；韩愈宣扬"博爱之谓仁"，将仁的外延作进一步拓展；张载提"民胞物与"，将仁爱之心推至终极，充分彰显了博大无边的仁爱精神。此种精神到了佛儒之集大成者王阳明那里，则有了"一体之仁"的说法。

王阳明在《大学问》中讲道："见鸟兽之哀鸣觳觫而必有不忍之心焉，是其仁之与鸟兽而为一体也；鸟兽犹有知觉者也。见草木之摧折而必有悯恤之心焉，是其仁之与草木为一体也；草木犹有生意者也。见瓦石之毁坏而必有顾惜之心焉，是其仁之与瓦石而为一体也。是其一体之仁也，虽小人

---

① 《二程遗书》卷二。
② 《二程遗书》卷二。
③ 《二程遗书》卷四。
④ 《春秋繁露·仁义法》。
⑤ 《孟子·尽心上》。
⑥ 《朱子语类》卷二。

之心,亦必有之,是乃根于天命之性,而自然灵昭不昧者也";"大人者,以天地万物为一体者也,其视天下犹一家,中国犹一人焉;若夫间形骸而分尔我者,小人矣。大人之能以天地万物为一体也,非意之也,其心之仁本若是"。

对此扩展,日本学者桑子敏雄这样评论:"新儒学的最大功绩就在于这种'仁'的内涵的解释性转变。它由最初的含义、仁爱或慈悲,转变为生物与自然环境之间关联性的功用活动。"[1]

除了上文详述的儒家、佛家之思想外,道家之自然观,易学中"生生谓之易,天地之大德曰生"等体现的创生观,乃至中医传统讲的依时种采草药等,皆相通于生态主义之主张。

10.4　差等之爱和民胞物与的张力

总而言之,无论是东方传统的思想,还是西方的后现代思想,都为我们构建生态文明提供了诸多理论资源。对此,我们应以开放的心态来加以吸纳,尤其对于中国传统文化中的精华,更要特别加以关注。

明末清初以来,西学东渐,"向西看"乃世所必然,这是不可回避的。但我们不能由此而忽视本土文化。实际上,一种外来文化若不能与本土文化实行有机结合,必然没有生命活力,因而是短命的。这些年来,发生在学界的各种思潮热和西方名人热,之所以"来也匆匆,去也匆匆",就是因为缺乏本土根基。但是,本土文化若不能与现代西方文化相结合,也是没有发展前途的。

明亡之后,宋明新儒学的学者一度被指认为文化上的罪人。人们认为,明亡之责就在于一帮误国的儒生,这些人"无事袖手谈心性,临危一死报君王"[2],实在是祸国殃民。如果真是这样,那么,我们要问:清朝在西方世界面前的全面溃败,文化上又由谁来负责呢?人们又自然而然地将之归

---

[1] 转引自安乐哲:《儒学与生态》,江苏教育出版社2006年版,第145页。

[2] 语出清初思想家颜元。

咎于儒家，于是乎，出现了"打倒孔家店"等各种极端的批判传统文化的思潮与运动。而西方马克斯·韦伯等思想家也认为，儒家等传统文化不可能相融于现代商品经济社会，这种观点更加深了人们对中国传统文化的偏见。

时至今日，人们终于认识到，对儒家思想等传统文化采取简单批判的态度，是失之偏颇的，特别是随着儒家文化圈中亚洲四小龙经济的成功发展，人们逐渐意识到儒家文化对于经济发展的积极作用。余英时先生在其《中国近世宗教伦理与商人精神》中，对韦伯关于中国传统儒道认识的偏颇之处进行了反思。

自20世纪末开始，对儒学等传统文化的关注持续升温，比如从中发掘生态思想或与现代性建设相融的资源，成为学界的重要热点。杜维明先生认为："在近二十五年里，在新儒学思想家中出现一个令人关注的现象。那就是，台湾、香港和大陆的三位领衔的新儒学思想家钱穆，唐君毅和冯友兰不约而同地得出结论说，儒家传统为全人类作出的最有意义的贡献是'天人合一'的观念。我不妨把这种观念称为人类—宇宙统一的世界观。这种世界观认为，人类置身于宇宙的序列之中，而不是像人类中心的宇宙观所断言的那样，人类出于选择的需要或者疏忽之故而远离自然界。通过把天人合一解释为儒学对现代世界的重大贡献，新儒学的这三位重要学者的出现标志着一个回归儒家并重估儒家思想的运动。"[1]

但是，我们又不能过于乐观，传统面对现代性的压力仍然很大。杜维明先生也清醒地意识到，"现代主义的路向太强大了，儒家人文主义已经被深刻改造成为一种世俗的人文主义。决定儒学与中国现代化转向之相关性的游戏规则已经明显改变了，就儒学本身呈明儒家观念的努力只是在学术象牙塔之内的少数学者中保持着，在象牙塔之外则基本上被忽略了。现代化和发展经济的目标压倒了人文主义和民胞物与的更大关怀"[2]。

---

[1] 杜维明、陈静：《新儒家人文主义的生态转向：对中国和世界的启发》，《中国哲学史》2002年第2期。

[2] 杜维明、陈静：《新儒家人文主义的生态转向：对中国和世界的启发》，《中国哲学史》2002年第2期。

在生态文明建构等理论问题上,我们到底要不要中国传统文化作为理论资源,这里不能简单地说"用"或"不用"来回答,而应该用辩证的、发展的态度来面对。也就是说,不能简单地照抄和搬用古人现成的东西,而要将其与现实问题相结合,以便实现一种"创造性的转化"。

比如,在面对深生态主义时,就要注意差等之爱与民胞物与思想的张力。

孔孟等经典儒家代表人物所宣扬的仁爱是有差等性的,孔子的仁爱并不同于墨子的兼爱。"樊迟问仁,子曰:'爱人。'"①孔子的"仁爱"只限于人。到了孟子,则进一步将"仁爱"的对象从人推广到了物。孟子继承孔子的思想,在继承孔子"仁者爱人"思想的基础上,又进一步讲"君子之于物也,爱之而弗仁;于民也,仁之而弗亲。亲亲而仁民,仁民而爱物"②。虽然我们看到孟子对仁爱的对象进行了推广扩展,但我们也应注意到其"仁爱"的等级差别,即对"亲人"是"亲",对"人民"是"仁",对"物"是"爱"。此"亲"、"仁"、"爱"正是三种不同的层次。所以孟子讲,"君子之于物也,爱之而弗仁;于民也,仁之而弗亲"③。

其实强调一体之仁的王阳明,从良知出发,也是认可差等之爱的。他认为,"惟是道理自有厚薄。比如身是一体,把手足捍头目,岂是偏要薄手足?其道理合如此。禽兽与草木同是爱的,把草木去养禽兽,又忍得?人与禽兽同是爱的,宰禽兽以养亲与供祭祀、燕宾客,心又忍得?至亲与路人同是爱的,如箪食豆羹,得则生,不得则死,不能两全,宁救至亲,不救路人,心又忍得。这是道理合该如此"④。

王阳明这里所说的"道理合该如此",表明了一种本能,正如道金斯的著作《自私的基因》所揭示的,我们关心的对象,其基因与我们基因的相似度是较高的。越是亲人,其基因的相似度越高,越值得施与仁爱,这是生物生存发展的必然要求。所以杀一个动物去救一个人可以被接受,杀一个人

---

① 《论语·颜渊》。
② 《孟子·尽心上》。
③ 《孟子·尽心上》。
④ 王阳明:《王阳明全集》,上海古籍出版社2011年版,第108页。

去救一个动物则不可被接受。

所以，我们要在差等之爱与民胞物与之间保持一定的张力与平衡，即既要认识到深生态主义合理的一面，又不能过于极端。每个动物都会追求自身利益的最大化，不可能要求老虎善待兔子，因为老虎本以肉食为生，这反映了自然相生相克的规律。在种种的相生相克中，自然这个大系统保持着稳定性。

人类这个物种，是一个特殊的存在，其特殊性正如恩格斯在其《自然辩证法》中所讲的，我们连同我们的肉、血和头脑都属于自然界，我们之所以高于和强于动物，就在于我们能够认识和正确运用自然规律。一方面，人类存在于自然之中，不可能在破坏自然的情况下还能维持自身的生存与发展；另一方面，人类的特殊性在于他是一种有思想的存在物，可以认识并利用规律，这使他比任何其他生物都强大。自然界中的老虎与兔子依其本能就可以保持自然生态链的稳定，即每只老虎不用计划每天捉几只兔子，生态依然可以保持平衡。但人类如果放纵，就无法维持生态平衡，因为人是有思想的存在，人有能力毁掉整个地球。所以对人就提出了特别的自律要求，其理论反映也就是各种生态环保学说的兴起。

我们既要坚持民胞物与的深生态精神，善待自然，也不能回避差等之爱的诉求，还是以人类的长远利益为主要考量目标。面对自然，我们不是不索取，但也不能破坏性地无尽索取，而应在两者之间保持一种张力。

这种张力的度具体如何把握，则要结合经济实践中现实与理论的具体情况来予以处理。

第 11 章　循环再生的经济形态

11.1　前现代与后现代之辨

如前所述，深生态主义等环保思想，其理论基础有前现代思想与后现代思想之分，它固然有其合理的一面，但具体到经济生产的建设中，显然又不能简单地照抄照搬。

云南丽江纳西族的自然观及中国传统儒释道的自然观，确有深生态主义的一面，因而与之相应的传统封建社会也就没有发生严重的环境问题。但问题在于，这种前现代的生活必然要被现代生活所取代，并且已经被取代了。纳西族传统中的"署"等原始信仰在现代科技面前已没有存身之处。有一个特别的例子可以说明，在丽江当地曾发生过一个著名的红豆杉剥皮事件，即当地的红豆杉树无论大小都被人剥去了树皮，在原始信仰看来这是一件很残忍的事，但它确实发生了，因为现代科技告诉我们，从红豆杉树皮中可以提取出一种特效药。古老的自然观已经抵挡不住几元钱的收购价格了。这个事件正象征着古代的前现代文明，也许充满诗情画意，十分环保，但在现代性压力之下，必然要被取代。看现代世界，各种原始文化都被电灯电话式的现代文明所取代了。

正如杜维明所说，"毫无疑问，台湾、香港以及紧跟上来的内地都在朝着西方格局的现代化挺进。现代化是中国最强有力的意识形态。突飞猛进的工业化带来的新世界对中国以农为主的传统经济、以家庭为核心的社会结构以及父权制的政府提出了严重挑战。工业化所占的绝对优势似乎注定了儒学的命运：传统的儒学思想不再与当前世界息息相关"①。

当然，现在有许多原生态农业生产基地，坦白地讲，这种农业生产基地作为少数富人的休闲之地还可以，但大面积

---

①　杜维明、陈静：《新儒家人文主义的生态转向：对中国和世界的启发》，《中国哲学史》2002 年第 2 期。

推行没有任何可行性。简单来说，如果不用化肥，亩产会由上千斤下降到几百斤，中国社会可以承受如此大的减产吗？如果不用农药只用人工去捉虫，那会有大量劳动力限制于农业，中国工业化建设所需要的劳动力又从何而来？更不用说现在的用工荒和劳动力成本上升了。有一成劳动力回农村去捉虫，就会有一成工厂倒闭破产，中国的现代化建设显然是无法承受的。国家要发展，则一定离不开现代工商业。

因此，我们今天显然不可能简单地回到前现代，前现代也许在理论上或情感上有一种吸引力，但在现代经济发展的过程中，其自身并没有足够的力量来统领生产。儒释道等东方传统文化可以为现代化建设提供一些反思的资源，但老古董不可能解决新问题，有时我们确实需要"返本"，但最终一定要落实在"开新"上，事物的前进与发展是不可逆转的。

对于西方当代的各种后现代思潮，我们同样也是不能简单套用的。

正如胡适先生曾讲过的，我们"还不曾享着科学的赐福，更谈不到科学带来的'灾难'。我们试睁开眼看看：这遍地的乩坛道院，这遍地的仙方鬼照相，这样不发达的交通，这样不发达的实业——我们哪里配排斥科学？……我们当这个时候，正苦科学的提倡不够，正苦科学的教育不发达，正苦科学的势力还不能扫除那迷漫全国的乌烟瘴气"[①]。当然，我们今天的科技和经济与胡适时代相比，自然有了长足的进步与发展，但相比于西方发达国家，还是有很大差距的。特别是在近现代中国受到西方列强的长期欺压之后，我们建设现代化强国的理想已深入人心，因为只有现代化搞好了才可以富国强兵。而现代化建设是一个宏伟的战略任务，后现代思想只能在现代化建设的基础上给我们提供某种超前性的启示。

当然，生态文明建设是必不可少的考量目标，因为中国建设的最终目标还是人民的安居乐业，而安居乐业的一个前提就是生态良好。2012 年 7 月 23 日，胡锦涛同志在省部级领导研讨班上发表重要讲话。胡锦涛指出，推进生态文明建

---

① 胡适：《科学与人生观序二》，转引自《科学与人生观》，岳麓书社 2012 年版，第 64 页。

设,是涉及生产方式和生活方式根本性变革的战略任务,必须把生态文明建设的理念、原则、目标等深刻融入和全面贯穿到我国经济、政治、文化、社会建设的各方面和全过程,坚持节约资源和保护环境的基本国策,着力推进绿色发展、循环发展、低碳发展,为人民创造良好的生产生活环境。习近平总书记当时也强调,要把社会主义经济建设、政治建设、文化建设、社会建设以及生态文明建设全面推向前进。

显然,在中国现代化建设这个举世瞩目的大工程中,如何兼顾发展与生态,一定需要高度的智慧。对于西方一些发达社会来说,之所以可以"自由地"讲现代化和工业化带来的问题,是因其有着丰富的现代化积累。而中国情况更为复杂。一方面,实现现代化、工业化,这是强国之本,是一个不可超越的必然过程;但另一方面,现今的国际国内的新情况也不允许中国重走西方历史上先现代化、再花费上百年来治理环境问题的老路子。并且,由于中国地域广大,有着严重的区域发展不平衡问题,前现代、现代与后现代同时在中国大地上呈现,我们也就不得不同时面对。所以我们经常可以看到一个深层的矛盾心态:一面是担心中国发展不力,另一面又反对唯 GDP 是论。

这就要求我们在具体实践中,在生态文明的构建过程中,在关注前现代时,要时时谨记返本是为了开新;在关注后现代时,要时时注意思考这是为了使现代化建设少走弯路,防止其跌入陷阱,至少出现问题时能知道如何尽快解决。

11.2　走出唯科技的误区

胡适先生曾讲过:"这三十年来,有一个名词在国内几乎做到了无上尊严的地位;无论懂与不懂的人,无论守旧和维新的人,都不敢公然对他表示轻视或戏侮的态度。那个名词就是'科学'……从中国讲变法维新以来,没有一个自命为新人物的人敢公然毁谤'科学'的。"[①]其实胡适先生的思想代表了当时中国相当一部分士人的心声。中国近代面临千年未有之变局,原本高傲自信的天朝上国心态被列强的坚船利炮

---

① 胡适:《科学与人生观序二》,转引自《科学与人生观》,岳麓书社 2012 年版,第 64 页。

彻底打破了。当时便产生了种种矛盾而又极端的心理。比如，一面对西方文化怀着无比崇敬与向往的心态，如胡适等人；另一面又对西方文化的入侵特别痛恨而将其视为强盗。一面认为中国传统儒家文化要为中国之落后负责，从而提出"打倒孔家店"等主张；另一面又发现中国传统文化面临消失的危险，从而生起了从未有过的留恋心态，如梁启超、梁漱溟等国学大师。

关于如何面对科学，在当时曾有过一次著名的科学与人生观大论战，或称科玄论战。科玄论战始于1923年2月张君劢对赴美留学生的讲演《人生观》。在演讲中，张先生认为："科学无论如何发达，而人生观问题之解决，绝非科学所能为力，唯赖诸人类之自身而已。"地质学家丁文江于同年4月撰文《玄学与科学》，向张氏发起攻击，于是科玄论战爆发。这次论战，席卷了当时整个学术界，陈独秀、梁启超、胡适等名流纷纷加入，构成了学术思想的一次大讨论。

这次论战，从表面上看，可以说科学派在当时占了上风。其外在原因是杜威、罗素两位西方哲学大师分别于1919年、1920年来华讲学，其所支持的英美实用主义、实证主义及与之相伴的唯科学主义，促进了中国本土唯科学主义的发展。但更重要的是内在原因，即中国学习西方就是从学习其器物开始的。因为器物层面的科技相比于思想，更能直接地吸引当时求发展的学界的目光。

著名科学史家董光璧先生提出了"反演"的说法："在殖民主义的暴力威逼之下，中国社会的近代化车轮才开始启动。这种启动从消极的模仿开始，而且是一种程序反演的模仿：首先在器物层次，然后是制度层次，最后才进入思想层次。在中国，在不到60年的时间里，通过洋务运动、戊戌变法和辛亥革命、新文化运动，欧洲社会近500年的近代化史被草率地反演。正是这种不可避免的程序倒置所固有的不彻底性，导致近代中国不得不程序紊乱地反复重演欧洲走向近代社会的诸进程。"[①]我们可以对比一下中西方的相应历史

---

① 董光璧：《中国近现代科学技术史》，湖南教育出版社1997年版，第3页。

事件：
西方：
文艺复兴：13世纪末至16世纪
宗教改革：16世纪至17世纪
英国资产阶级革命：1640—1688年
启蒙运动：17世纪至18世纪
法国资产阶级革命：1789—1799年

第一次工业革命：18世纪60年代至19世纪40年代，1765年英国发明珍妮纺纱机，标志着以机器代替手工工具的工业革命首次在英国出现。

第二次工业革命：19世纪70年代至20世纪初，其标志为电力的广泛应用(即电气时代)。

中国：
洋务运动：1861—1894年
甲午战争：1894—1895年
戊戌变法：1898年
辛亥革命：1911年
巴黎和会：1919年
五四新文化运动：1919年

西方是先有文艺复兴、宗教改革的思想准备，然后才有英国资产阶级革命；先有启蒙运动，然后才有法国大革命；政治革命之后，才有第一次和第二次工业革命，才有珍妮纺纱机等科技器物的发展，整个过程经历了一个从文化到政治、再到科技的路线。而中国的洋务运动是先学习器物，后来才发现仅有洋枪洋炮是不行的，甲午海战就失败了；于是，开始从政治制度上进行变革，戊戌变法、辛亥革命就是在这样的背景下发生的；再后来发现还是有问题，巴黎和会上外交失败了，终于开始重视文化反省，五四新文化运动等顺势而出。

其实这种反演也是情有可原的，因为技术等硬件总是更易于吸引人们的关注，也是更易于先行学习的。历史学家汤因比讲道："在商业上输出西方一种新技术，这是世界上最容易办的事。但是让一个西方的诗人或圣人在一个非西方的灵魂里也像在他自己灵魂里那样燃起同样的精神上的火焰，却不知道要困难多少倍。"①

但在经济建设中,看不见的软性文化有着不可忽视的重要作用。比如面对当今中国层出不穷的质量安全事件,很多人想的都是制度的建设,但软性的质量文化建设也同样是不可缺少的。程虹教授认为:"质量监管作为宏观质量管理的显性制度,其功能的发挥有赖于'诚信'意识这种隐性的制度的支撑。完整的质量监管体制,既包括有形的制度,诸如体制、机构和法律等,也包括无形的制度,诸如文化、价值观和诚信意识等。隐性制度,不仅对显性制度功能的发挥起着基础性的作用,而且从某种意义上说,隐性制度较之显性制度具有更大的内在约束力。因为,诚信意识作为人的一种文化和价值观,无论对于质量的被监管者,还是质量的监管者,都决定和支配着其质量行为的选择……在微观主体'诚信'扭曲的日常质量行为中,任何质量监管都会防不胜防,其功能不可能得到正常发挥。"②

科技是一把双刃剑。在经济建设中如何趋利避害,比如,如何既发展现代化工业建设,又尽量减少对环境的破坏,并不取决于科技本身,而需用更高层次的文化来引导。

原来的生态环保主义者多持一种简单的乐观态度,认为现在环境出了问题,用更好的技术就可以解决。但新技术也可能会带来新的问题。所以,技术应用产生的后续效应并不是技术本身的问题,而是经济、社会、文化等多方面的系统性问题。所以,在环境包括技术的应用问题上,不能仅就事论事,就环境论环境,就技术论技术,割裂其中的联系。

比如,科技观点本身就一定不可避免地有着文化、政治、经济的负载。美国前副总统戈尔曾拍过一个环保纪录片《难以忽视的真相》,认为全球变暖是人为二氧化碳排放过多引起的,主张减排,并认为否认其观点的人的背后是石油集团等的利益。这个纪录片获奥斯卡最佳纪录片奖,戈尔本人也因其环保工作获诺贝尔和平奖。但也有另外的科学家拍摄

---

① [英]阿诺德·汤因比:《历史研究》上卷,曹未风等译,上海人民出版社1997年版,第50页。

② 程虹:《宏观质量管理》,湖北人民出版社2009年版,第217页。

了另一部纪录片《全球变暖大骗局》，认为戈尔的数据分析本身就有问题，戈尔的背后实际上是环保产业等大企业的利益，而当今全球变暖的情况相比于历史并不是特别严重，并且其原因主要在于太阳而不是人为因素。通过这两个影片，我们可以看到，科学理论的背后其实也存在着许多争议，不同利益集团会结合自己的利益进行不同的取舍。在环保中不存在"纯粹的科技"，其背后一定与政治、经济、文化等密切相关。所以，生态文明的建设，不仅是一个环境或技术的问题，而且是一个经济与文化的问题。现代社会当然需要科技的支撑，但是文化的支撑也是必不可少的。

11.3 消费社会与知识经济

原先我们在经济建设中更多关注的是科技的力量，然而，文化的力量是更为重要的。

首先，经济建设一定离不开强大的文化信仰作为支撑。韦伯认为，每一个强大的运动背后一定有一个强大的文化作为支撑。比如，其经典名著《新教伦理与资本主义精神》认为，西方资本主义之发展，其背后的加尔文教等宗教信仰起了很大的促进作用。日本企业之父涩泽荣一曾写过《论语与算盘》一书，提倡中国古语所说的"君子爱财，取之有道"。涩泽荣一和韦伯都认为，发达的商业活动在文化上要有两个支持：一是认为爱财的行为是合于情理的，二是认为要有一种强大的文化信仰使其追求财富的行为保持在伦理的范围之内。对财富的追求在今天的中国是被认可的，但保证其追求合于道德的文化建设则是十分落后的。现今社会出现了各种不择手段求财的行为，于是才有了各种极为严重的商品质量问题，如婴儿奶粉中有害物超标，灭火器中不填充有效灭火材料，这是令人发指的。其实，具体到我们今天的发展而言，我们所缺少的不是技术而是文化。我们要建设生态健康的经济，不要三聚氰胺式的奶粉，关键不是技术，而是文化的建设。

其次，一个商品的附加值不仅在于科技含量，而且在于文化含量。我们认为，原材料的出口加工是低级的，后来提倡精加工，有科技支撑的电器、仪器等的出口加工才能形成高级的商品，但即使能生产高级电子产品，也不过是成为世界工厂；而一块名表或一件名牌服装，其极高的价格并非仅缘于其包含的技术，更多是缘于其品牌上的文化负载。我们中国的一些手表厂家也可以生产出高质量的手表，世界上的许多名牌服装也是由我们代工的，我们的生产技术水平不是问题，但我们没有自己的大品牌，我们的商品就卖不了高价，而劳力士表等品牌是通过长期的文化表达来建设的。如果不能有效进行自己的品牌文化建设，就只能处于代工的下游生产链，付出巨大的环境代价却收益甚少。所以进行商品的品牌建设，包括对"中国制造"这个大品牌的建设，对于我们来说是一个重要任务。

正如波德里亚在《消费社会》所讲的，我们现在消费的是一种符号，重要的不在于实用性而在于差异性，在差异中界定身份。比如，可口可乐相比于豆浆、绿茶，并不具有实用性方面的优势，其成功在于品牌文化的建设，它的品牌象征了美国梦。我们看到有人竟然为了买苹果手机而卖肾，他寻求的显然不仅是实用，否则一个几百元的手机就足够了，他寻求的是一种通过消费表现自己特性的体验。这种消费社会带来了种种问题，也是需要从文化上加以反思的。

最后，我们应看到，经济的发展有两个方面：一个是对财富的关注，另一个则是更深层次上的精神文化追求——因为幸福并不是仅与财富有关的。所以现在除了关注 GDP 指标外，还有人提出要关注幸福指数。比如，有人不仅不关心生态，还为了获取更大的经济利益而肆意破坏环境，但恶劣的生存环境并不能给他带来真正的幸福，这种态度是不可取的。

第 12 章　健康和谐的生态生活

12.1　防止现代性的异化

马克思对其所处的前期资本主义时代进行了很多批判性的反思，这对于我们进行现代化建设有诸多启示意义，可以使我们少走许多西方现代化过程中的弯路。但是在具体实践的过程中，我们绝不可以对现代性异化的力量掉以轻心。实际上，现代化、工业化必然会带来不同程度的异化，这是事物发展的必然规律，是不可回避的，关键在于如何应对。当我们面对青少年卖肾买苹果手机的荒谬事件，面对层出不穷的质量问题及其背后唯利是图的商人时，马克思的理论在今天就更加显示出特别重要的意义。

面对上述这些问题，我们终于开始认识到，西方马克思主义对现代化种种异化现象的批判，对于我们来说同样有切肤之痛。例如，机械化、工具化、单向度化、虚假消费等异化现象已经不再是西方的"特产"，在我们的现实生活中也已屡见不鲜。因此，对中国来说，西方后现代主义对现代性的批判不再是哲学家纯粹的抽象思辨了，而具有十分紧迫的现实意义。

波德里亚的《消费社会》中所讲的诸多现象，在今天的中国都有或多或少的体现。波德里亚认为：现在的社会不仅是一个以消费为主导的社会，消费成了压倒一切的力量；而且人们的消费也偏离了它本来的价值，而被赋予了它之外的其他的社会意义。消费者购买一种商品，首先不是为了实用，而是因为它是代表着某种意义的符号，如名牌符号、身份符号、文化符号等。这种消费的异化或物化现象，在一般市场经济中都是存在的。

正如波兹曼的《娱乐至死》前言对奥威尔的《1984》和赫胥黎的《美丽新世界》两本书所作的对比所揭示的："奥威尔害怕的是那些强行禁书的人，赫胥黎担心的是失去任何禁书的理由，因为再也没有人愿意读书；奥威尔害怕的是那些剥夺我们信息的人，赫胥黎担心的是人们在汪洋如海的信息中日益变得被动和自私；奥威尔害怕的是真理被隐瞒，赫胥黎担心的是真理被淹没在无聊烦琐的世事中；奥威尔害怕的是我们的文化成为受制文化，赫胥黎担心的是我们的文化成为充满感官刺激、欲望和无规则游戏的庸俗文化。"①

由于工业化、现代化，我们进入了一个新的时代，这个时代并不是想当然地会带来幸福和进步，它也会伴随着痛苦和退行。如果从建设性后现代的观点来看，现代生活方式隐含着种种危机，需要我们进行深刻的反思。例如人类中心主义，这种主张虽然受到了批判，但仍然有市场，那种迷信科学、认为科学能够创造一切人间奇迹的观点，就是其影响的潜在表现之一。再如消费主义，这种观念在当今世界正大行其道，其主张尽情消费、享受人生、追求财富、沉溺于物欲，将人生价值的大小等同于消费的多寡。

诚然，我们需要现代化，有些东西是不可或缺的，如新能源技术、航天技术等，但有些则无必要。比如，我们大可不必追求计算机的快速更新换代，不必开大排量的汽车，不必购买包装过于豪华的商品，不必狂热追求西方发达国家的奢侈品，不必将空调开得过足，等等。让我们的生活回归自然，回归平常。

12.2 中庸平和的生活方式

对于中国文化、西方文化、印度文化这三种文化形态，梁漱溟先生曾发表过这样的评论：西方文化是意欲向前的，而印度文化是向后的，唯中国文化是折中平和即中庸的，体现着未来最佳的生活方式。这种看法尽管乃一家之言，但却是富有启发意义的。

生态问题与我们每个人的生活方式息息相关，因此，建设生态文明需要从改变我们的生活方式入手。现今在社会中广为流行的超前消费的思想、个人主义的思想、享乐主义的

---

① [美]尼尔·波兹曼：《娱乐至死》前言，广西师范大学出版社2011年版，第4页。

思想、形式主义的思想以及奢靡之风，都与生态文明格格不入，也与科学的生活方式背道而驰，必须大力加以革除。

我们不可能不消费，但我们提倡生态消费，过生态生活。所谓生态消费、生态生活，就是在日常的生产和生活中，采取中庸平和的态度，不盲目追求最大、最多、最高、最亮、最好、最优、最新等，而是放远眼光，从有利于生态环境和人类的长远发展出发，在保证人的基本生活需求的基础上，回归一种与自然和谐相处的生活，以俭朴的方式达到富裕的目的。

深层生态学也存在着不可克服的理论矛盾。例如，如果依照其思想主张，奉行自然中心主义理念，即认为人与其他生物完全平等，那么，人的能动性、主动性和创造性就隐而不见了。但是，其所提出的生态系统的思想、生态伦理的思想、生态消费的思想、生态文化的思想包括生态平等的思想，在经过合理的重新诠释之后，都能为我们所吸取和借鉴。

我们认为，在任何系统中，绝对的中心是不存在的，自然生态系统也是如此。人类中心主义固然是错误的，但自然中心主义也是偏颇的。在人与自然所组成的生态系统中，这个"中心"是相对的、流动的和辩证的。如果从改造和被改造、创造和被创造、消费和被消费、能动性和受动性这两点来看，在人与自然的关系中，人无疑是"中心"；如果从人源于自然界而最终又隶属于自然界、人改造自然的前提是服从自然这两点来看，在人与自然的关系中，自然又转化为"中心"。可见，在对待人类中心主义和自然中心主义的问题上，执着于一种主义、一个中心，将其片面地加以夸大和扩张，是不可取的。我们所提倡的，是在人与自然的关系上，运用一种灵活的、具体的和辩证的方法，来处理二者之间的关系，使之处于良性互动与和谐相处的状态，防止"过"与"不及"两种偏向。这种方式也就是中庸平和的生活方式，这种态度也就是中庸平和的生活态度。

在这方面，我们既要进行理论的创新，也要进行实践的建构。在理论上，过去我们存在着片面强调生产方式而忽视生活方式的倾向。即使在谈生产方式时，也没有把生态问题纳入其中。在生态文明建设中，对于这些问题我们都需要进行重新认识，并提出新的理论观点。例如，在阐述生产方式时，无论是在生产力还是在生产关系的概念中，都应把自然环境这个最基本的要素放在一个应有的位置予以考虑；在论述历史观时，应该把生活方式作为一个重要的理论问题提出来加以专门的探讨，使之成为历史理论的一个重要内容。

增长不等于发展，消费不等于幸福。在经历了工业文明的洗礼之后，人类终于认识到，真正的发展和幸福是过一种与自然和谐相处的生活，是世世代代长远的永续繁荣，是人的自由而全面的进步，是健康的中庸平和的人生态度。试想，在美丽的蓝天白云下，绿水青山间，人与自然和谐共生，人与人友好相处，人与自身平和相待，这就是我们所向往、所憧憬的美好的生态生活！

后　　记

　　这本小册子集中论述了生态文明的几个问题。首先，从历史的考察开始，对文明的概念以及人类文明的演进历程进行了回顾和反思。其次，从逻辑的推演切入，对生态文明的本质内涵展开了全面和具体的分析和论证。再次，从问题的角度入手，对生态文明的现实处境作了较为深入的揭露和剖析。最后，从理性的建构着眼，对如何搞好生态文明建设提出了建设性的对策和思考。由于时间仓促，加之我本人对生态文明的研究十分有限，文中的错讹和偏识肯定不少，诚望读者予以指正。

　　本书是合作的产物。左亚文负责提纲的设计以及全书的统稿和文字修订工作，并具体撰写序言和第一、二、三、四、五、六章。胡丰顺撰写第七、八、九章，陈世锋撰写第十章并与汤玉红合写第十一章，汤玉红撰写第十二章。本着"文责自负"的原则，各章作者对其所撰写的文字负全部责任。

　　在写作和出版过程中，武汉大学出版社的总编辑刘爱松和文史分社社长易瑛、文史分社编辑程牧原，提出了许多宝贵的意见，付出了辛勤的劳动；我的硕士生莫素敏和杨一清对文中引文的出处作了仔细的查核和校对，在此一并表示诚挚的谢意！

左亚文

2014 年 5 月 29 日于珞珈山麓

弘扬社会主义核心价值体系出版工程重点图书

中国特色社会主义理论体系普及读本

总主编：顾海良 佘双好

《道路 制度 理论体系——中国特色社会主义基本理论》

《民族精神 时代精神 共同理想——中国特色社会主义共同理想》

《价值观 核心价值观 核心价值体系——中国特色社会主义核心价值观》

《道德 人生 社会——中国特色社会主义道德建设》

《大众化 时代化 中国故事——中国特色社会主义理论体系普及路径》

《人民民主 法治国家——中国特色社会主义政治发展道路》

《中国奇迹 中国道路 中国模式——中国特色社会主义经济建设》

《吸引力 影响力 文化软实力——中国特色社会主义文化建设》

《民生 和谐 幸福——中国特色社会主义社会建设》

《资源 环境 生态文明——中国特色社会主义生态文明建设》

《领导核心 执政使命 伟大工程——中国马克思主义执政党建设》

《民族复兴 和平发展 和谐世界——中国特色社会主义和平外交战略》